KB112124

초등
수학
영재,
이 정도는 한다!

호사라

서울대학교 교육학과 졸업
서울대학교 교육학과 대학원 졸업(교육학 석사)
University of Virginia 교육대학원 졸업(영재교육학 박사)

- (前) 미연방영재센터(National Research Center on the Gifted and Talented, NRC/GT) 연구원
- (前) 한국교육개발원 영재교육연구원 부연구위원
- (前) 서울특별시교육청 영재기관평가 평가위원
- (前) 시·도 교육청 영재교사연수 강사
- (現) 영재사랑 공동대표
- (現) 영재사랑 연구모임 논술, 사고력논술, 수리, 수학문제해결 담당
- (現) 집중력, 사고력, 독서교육 등에 대한 부모강의 진행

초등수학영재, 이 정도는 한다! ❶

발행일	2017년 10월 20일		
지은이	호 사 라		
펴낸이	손 형 국		
펴낸곳	(주)북랩		
편집인	선일영	편집	이종무, 권혁신, 전수현, 최예은
디자인	이현수, 김민하, 한수희, 김윤주	제작	박기성, 황동현, 구성우
마케팅	김회란, 박진관, 김한결		
출판등록	2004. 12. 1(제2012-000051호)		
주소	서울시 금천구 가산디지털 1로 168, 우림라이온스밸리 B동 B113, 114호		
홈페이지	www.book.co.kr		
전화번호	(02)2026-5777	팩스	(02)2026-5747

ISBN   979-11-5987-743-8 64410(종이책)   979-11-5987-744-5 65410(전자책)
        979-11-5987-745-2 64410(세트)

학부모님께

저는 분당의 영재사랑연구소에서 7세부터 6학년까지의 학생들을 지도하고 있습니다. 다양한 형식의 글쓰기도 가르치고 수학, 과학, 사회 등 여러 분야의 주제들도 탐구하게 합니다.

제가 지도하는 학생들 중에는 특별히 수학적 재능이 뛰어난 학생들도 있습니다. 이들의 호기심을 채워주고자 저와 문답으로 진행하는 수업시간 외 쉬는 시간에 혼자 해 보는 과제들도 개발하여 시켜보았는데, 그중 인기가 높았던 것들 일부를 책으로 엮어 보았습니다.

제가 직접 지도할 수 없기에 최대한 면대면 교육 상황을 교재에 구현하고자 노력했습니다. 그중에서도 특히 신경을 썼던 부분은 다음과 같습니다. 첫 번째는 체계적인 안내입니다. 〈보기〉, 〈오답〉, 〈힌트박스〉 등은 어떤 것을 구해야 하고, 어떤 것은 구해서는 안 되고, 어떻게 구해야 할지 학생 스스로 터득할 수 있도록 도와줍니다. 두 번째는 시각화입니다. 정답이 한 가지가 아니므로 학생들이 헷갈릴 수 있기 때문에 이미 찾은 것과 새로 찾아야 하는 것을 한눈에 볼 수 있도록 했습니다.

마지막은 성취감입니다. 모든 과제는 Level 1~3으로 되어 있습니다. 처음에 쉬운 것을 접해 감각을 익히고 점점 어려워지는 것을 접하면서 아이들은 스스로를 자랑스러워할 것입니다.

한편 이 책에서는 여러 가지 답을 찾아가는 '과정'이 중요합니다. 따라서 자녀와 부모가 번갈아가며 한 가지씩 찾는 방식으로 진행하는 것도 가능합니다. 이 책을 통해 자녀와 부모가 함께 정답을 발견하는 기쁨을 공유하길 바랍니다.

수학을 사랑하고 즐겨 했던 제자들의 어린 시절을 떠올리며 이 책을 만들었습니다. 여러분의 자녀도 이 책을 통해 수학을 사랑하고 즐기는 학생으로 성장하길 응원합니다!

호사라 드림

CONTENTS

초등수학영재,
이 정도는 한다! ❶

1 초등**수학**영재,
이 정도는 한다!

문제편

초등수학영재, 이 정도는 한다! ❶

"
2등분을 해라!
"

Level. 01 모양 위에 자를 대고 직선을 그어서 2등분을 합니다. 직선의 방향은 가로, 세로, 대각선 등 모두 가능합니다. 〈보기〉처럼 다른 모양들 위에도 2등분하는 직선을 그어 보세요.

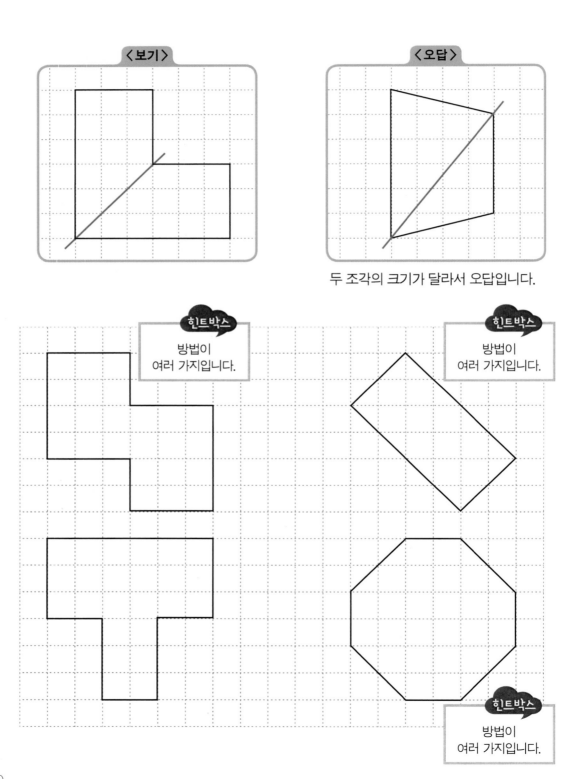

〈보기〉

〈오답〉

두 조각의 크기가 달라서 오답입니다.

힌트박스
방법이 여러 가지입니다.

힌트박스
방법이 여러 가지입니다.

힌트박스
방법이 여러 가지입니다.

Level. 02 점선을 따라 선을 그려 2등분을 합니다. 〈보기〉처럼 선을 따라 그리면 2등분이 됩니다. 다른 모양에서도 이미 그려진 선의 반대편을 완성해서 2등분해 보세요.

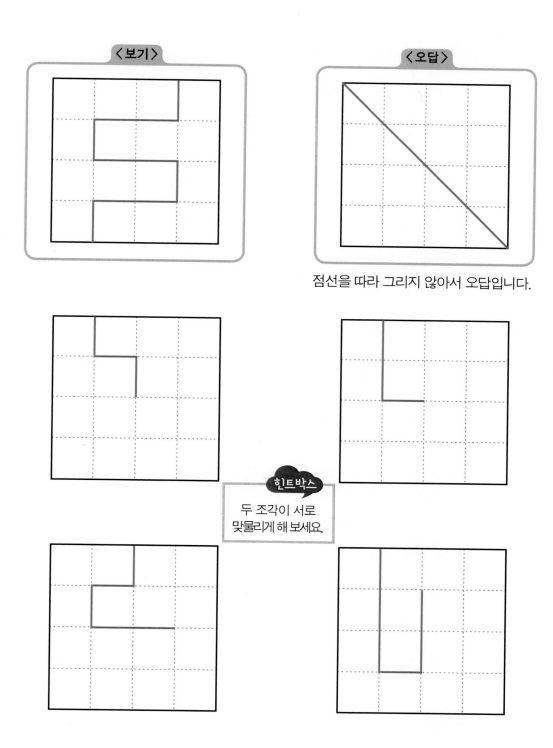

〈보기〉

〈오답〉

점선을 따라 그리지 않아서 오답입니다.

힌트박스

두 조각이 서로
맞물리게 해 보세요.

Level. 03 점선을 따라 선을 그려 2등분을 합니다. 〈보기〉처럼 선을 따라 그리면 2등분이 됩니다. 다른 모양에서도 이미 그려진 선의 반대편을 완성해서 2등분해 보세요.

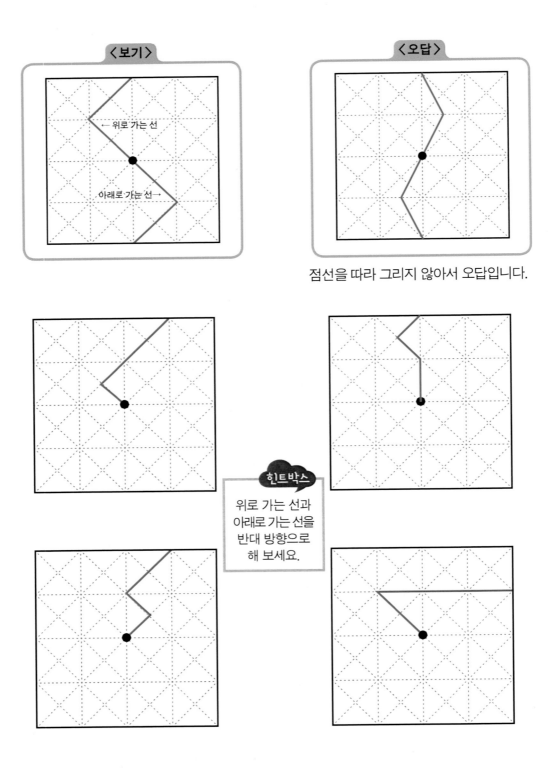

점선을 따라 그리지 않아서 오답입니다.

힌트박스
위로 가는 선과 아래로 가는 선을 반대 방향으로 해 보세요.

"알파벳을 만들어라!"

Level. 01 아래와 같은 6조각이 있습니다. 〈보기〉처럼 이 조각들을 변이 닿도록 연결해서 알파벳 E자 모양을 만드는 방법은 여러 가지입니다. 3가지 방법을 더 찾아 〈보기〉처럼 선을 그려 보세요. 이때 조각은 돌리거나 뒤집을 수 있습니다.

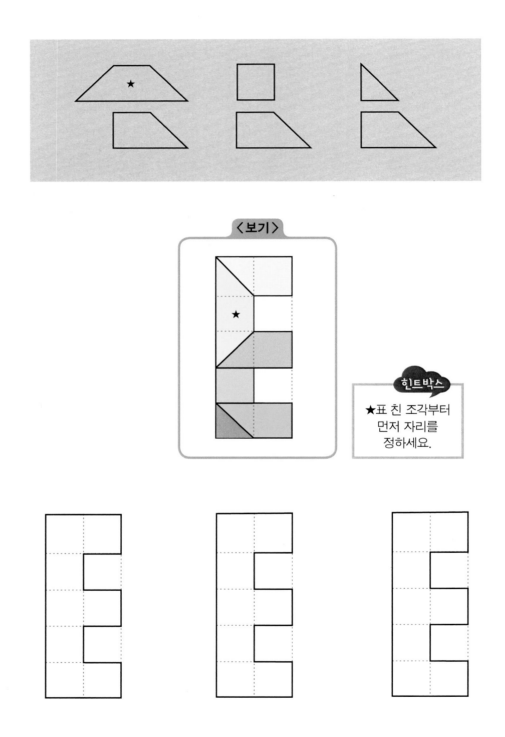

〈보기〉

힌트박스

★표 친 조각부터 먼저 자리를 정하세요.

Level. 02 아래와 같은 6조각이 있습니다. 〈보기〉처럼 이 조각들을 변이 닿도록 연결해서 알파벳 <u>F자 모양을 만드는 방법</u>은 여러 가지입니다. 3가지 방법을 더 찾아 〈보기〉처럼 선을 그려 보세요. 이때 조각은 돌리거나 뒤집을 수 있습니다.

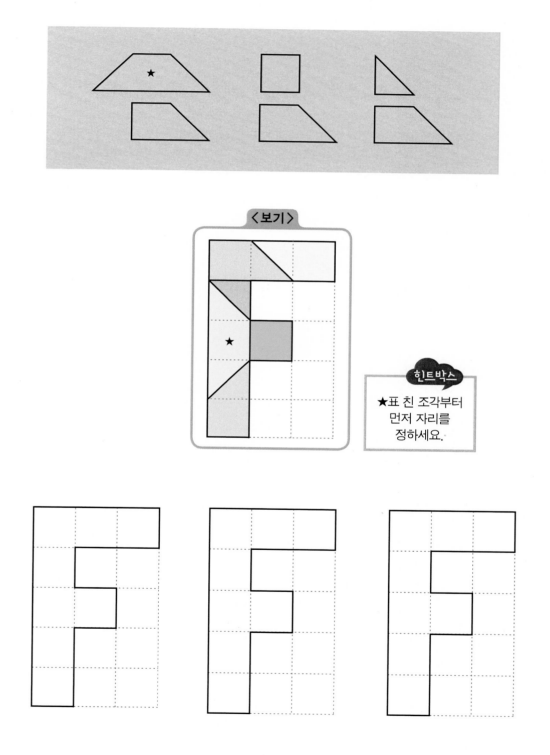

〈보기〉

힌트박스

★표 친 조각부터
먼저 자리를
정하세요.

Level. 03 아래와 같은 6조각이 있습니다. 〈보기〉처럼 이 조각들을 변이 닿도록 연결해서 알파벳 P자 모양을 만드는 방법은 여러 가지입니다. 3가지 방법을 더 찾아 〈보기〉처럼 선을 그려 보세요. 이때 조각은 돌리거나 뒤집을 수 있습니다.

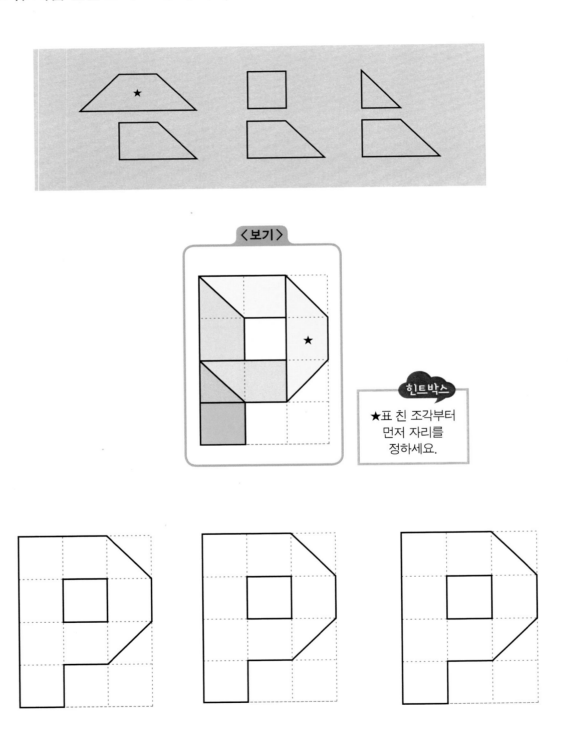

〈보기〉

힌트박스

★표 친 조각부터 먼저 자리를 정하세요.

초등수학영재, 이 정도는 한다! ❶

"
9를 만들어라!
"

Level. 01 아래 카드 중 <u>3개를 골라 합이 9가 되도록</u> 해 보세요. 〈보기〉는 1, 1, 7을 고른 방법입니다. 〈보기〉와 다른 6가지를 찾아 수를 써 보세요. <u>이때 순서만 다른 것은 없어야 하고, 같은 숫자를 여러 번 더할 수도 있습니다.</u> 한 번 사용한 카드 위에 X표를 치면 남는 카드는 없습니다.

☒	☒	1	1	1	2	2
2	2	3	3	3	3	3
4	4	4	5	5	6	☒

〈보기〉

| 1 | 1 | 7 |

〈오답〉

| 1 | 7 | 1 |

〈보기〉와 순서만 다른
것이므로 오답입니다.

힌트박스

같거나 커지는 순서로 쓸 때
1?? - 3가지
2?? - 2가지
3?? - 1가지

Level. 02 아래 카드 중 <u>4개를 골라 합이 9가</u> 되도록 해 보세요. 〈보기〉는 1, 1, 1, 6을 고른 것입니다. 〈보기〉와 다른 5가지를 찾아 수를 써 보세요. <u>이때 순서만 다른 것은 없어야 하고, 같은 숫자를 여러 번 더할 수도 있습니다.</u> 한 번 사용한 카드 위에 × 표를 치면 남는 카드는 없습니다.

✕	✕	✕	1	1	1	1	1
1	2	2	2	2	2	2	2
3	3	3	3	4	4	5	✕

〈보기〉

1	1	1	6

〈오답〉

1	6	1	1

〈보기〉와 순서만 다른 것이므로
오답입니다.

힌트박스

같거나 커지는 순서로 쓸 때
11?? - 2가지
12?? - 2가지
22?? - 1가지

Level. 03 아래 카드 중 <u>5개를 골라 합이 9가 되도록</u> 해 보세요. 〈보기〉는 1, 1, 1, 1, 5를 고른 것입니다. 〈보기〉와 다른 4가지를 찾아 수를 써 보세요. <u>이때 순서만 다른 것은 없어야 하고, 같은 숫자를 여러 번 더할 수도 있습니다.</u> 한 번 사용한 카드 위에 ×표를 치면 남는 카드는 없습니다.

☒	☒	☒	☒	1	1	1	1	1
1	1	1	1	2	2	2	2	2
		2	2	3	3	3	4	☒

〈보기〉

1	1	1	1	5

〈오답〉

1	5	1	1	1

〈보기〉와 순서만 다른 것이므로
오답입니다.

힌트박스

같거나 커지는 순서로 쓸때
111?? - 2가지
112?? - 1가지
122?? - 1가지

" 땅을 나눠라! ❶ "

Level. 01 직각삼각형 16개를 이어붙인 땅이 있습니다. <u>4칸짜리 1조각의 위치가</u> 정해져 있을 때, 남은 땅을 4칸짜리 3조각으로 나누는 방법은 총 5가지입니다. 4가지 방법을 더 찾아 〈보기〉처럼 조각의 안에 선을 그리고 테두리 치세요. 똑같은 조각을 여러 번 사용할 수도 있습니다.

〈보기〉

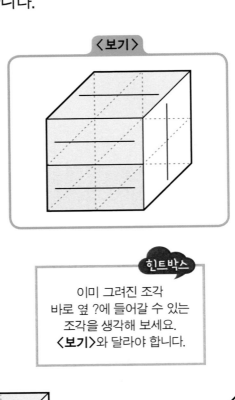

힌트박스

이미 그려진 조각
바로 옆 ?에 들어갈 수 있는
조각을 생각해 보세요.
〈**보기**〉와 달라야 합니다.

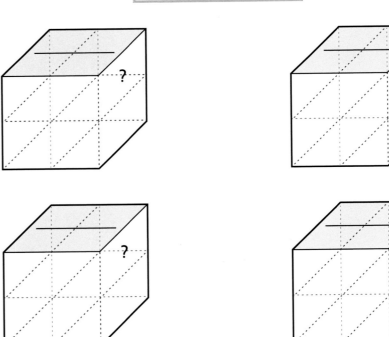

Level. 02 직각삼각형 20개를 이어붙인 땅이 있습니다. <u>4칸짜리 1조각의 위치가 정해져 있을 때,</u> 남은 땅을 4칸짜리 4조각으로 나누는 방법은 총 7가지입니다. 6가지 방법을 더 찾아 〈보기〉처럼 조각의 안에 선을 그리고 테두리 치세요. 똑같은 조각을 여러 번 사용할 수도 있습니다.

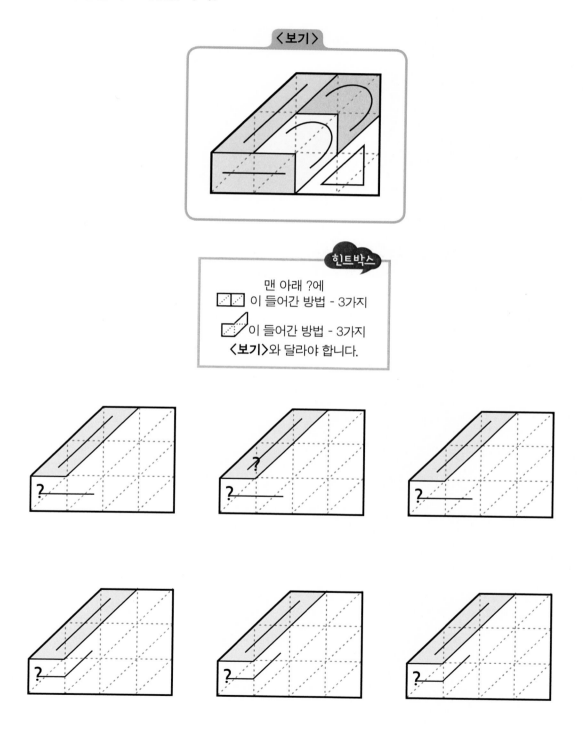

〈보기〉

힌트박스

맨 아래 ?에
☐☐ 이 들어간 방법 - 3가지
⬛ 이 들어간 방법 - 3가지
〈보기〉와 달라야 합니다.

Level. 03 직각삼각형 24개를 이어붙인 땅이 있습니다. <u>4칸짜리 2조각의 위치가 정해져 있을 때,</u> 남은 땅을 4칸짜리 4조각으로 나누는 방법은 총 7가지입니다. 6가지 방법을 더 찾아 〈보기〉처럼 조각의 안에 선을 그리고 테두리 치세요. 똑같은 조각을 여러 번 사용할 수도 있습니다.

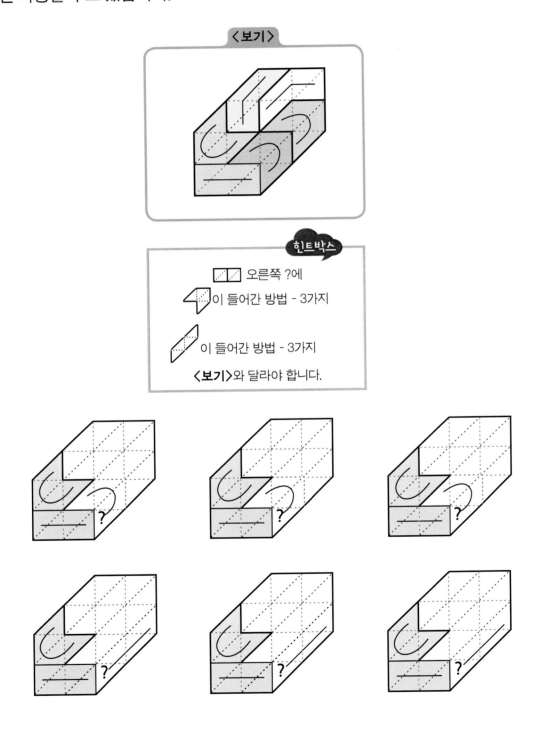

초등수학영재, 이 정도는 한다! ❶

> ## 벽돌을 채워라!

Level. 01 아래 두 종류의 벽돌만 사용해서 15칸짜리 벽을 쌓는 방법은 총 4가지입니다. 〈보기〉는 세로로 된 것만 5번 사용한 방법입니다. 〈보기〉와 다른 3가지를 찾아 안에 선을 그리고 테두리 치세요.

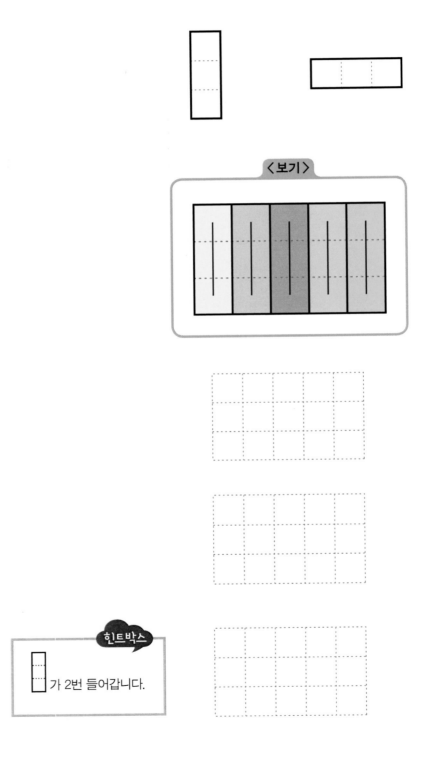

〈보기〉

힌트박스

□ 가 2번 들어갑니다.

Level. 02 아래 두 종류의 벽돌만 사용해서 18칸짜리 벽을 쌓는 방법은 총 6가지입니다. 〈보기〉는 세로로 된 것 3번, 가로로 된 것을 3번 사용한 방법입니다. 〈보기〉와 다른 5가지를 찾아 안에 선을 그리고 테두리 치세요.

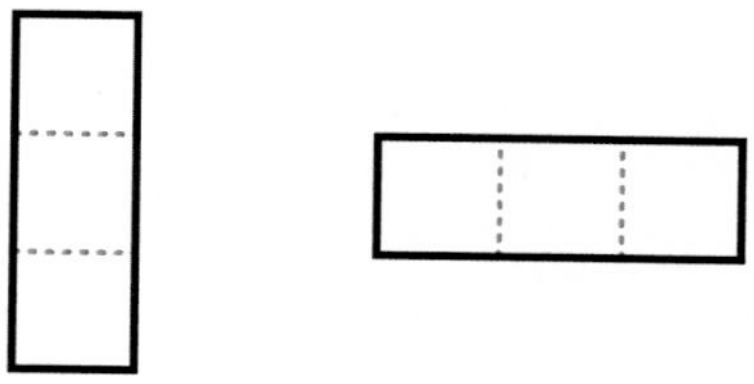

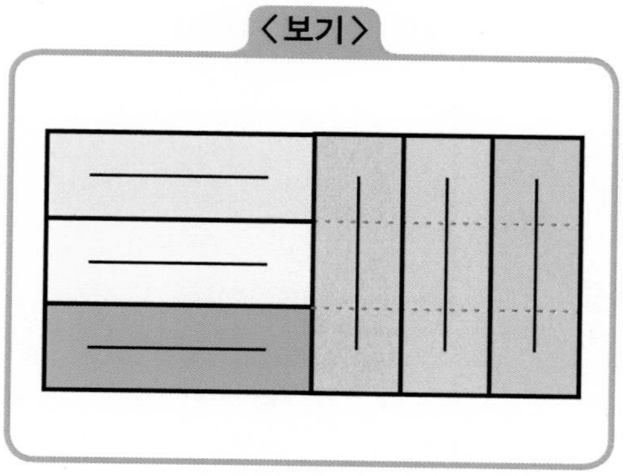

〈보기〉

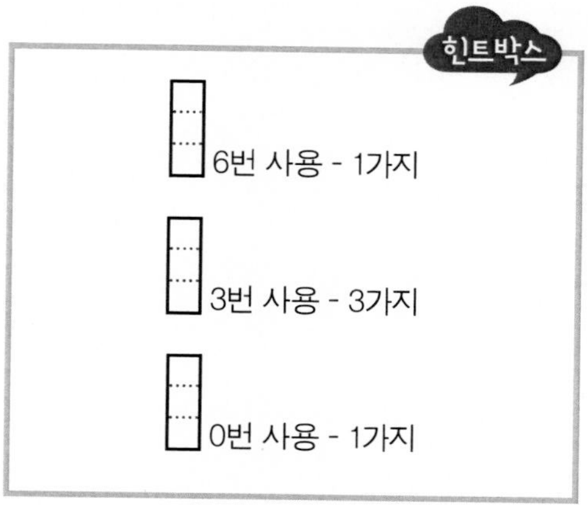

힌트박스

6번 사용 - 1가지

3번 사용 - 3가지

0번 사용 - 1가지

Level. 03 아래 두 종류의 벽돌만 사용해서 21칸짜리 벽을 쌓는 방법은 총 9가지입니다. 〈보기〉는 세로로 된 것 1번, 가로로 된 것을 6번 사용한 방법입니다. 〈보기〉와 다른 8가지를 찾아 안에 선을 그리고 테두리 치세요.

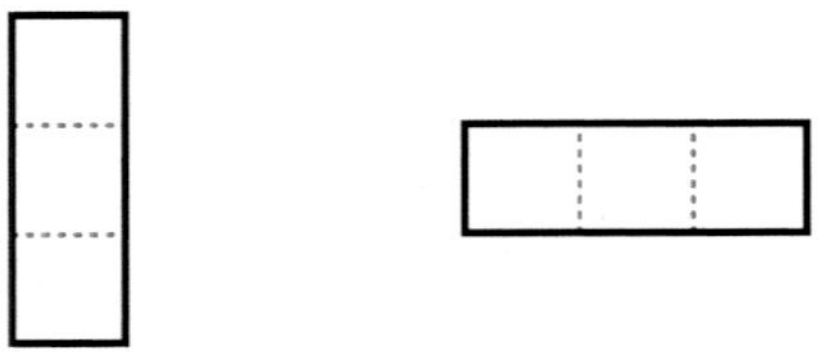

〈보기〉

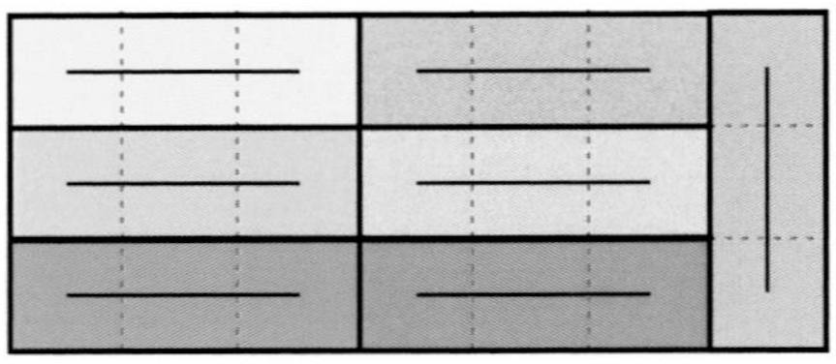

힌트박스

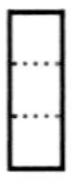

7번 사용 - 1가지

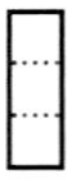

4번 사용 - 5가지

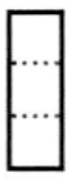

1번 사용 - 2가지

초등수학영재, 이 정도는 한다! ❶

"
글자를 읽어라!
"

Level. 01 아래와 같은 판이 있습니다. <u>연결된 육각형을 따라가면서 '사랑해요'를 읽는 방법은 총 6가지입니다. 이때 육각형을 건너뛰면 안 됩니다.</u> 〈보기〉와 다른 5가지 방법을 찾아 육각형을 색칠하고 선도 그리세요.

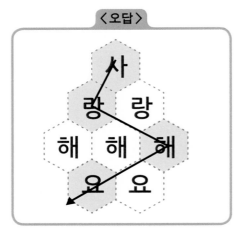

육각형을 건너뛰어서 오답입니다.

각 그림에 1가지씩만 찾아 그리세요.

힌트박스
왼쪽 '랑'으로
내려가기 - 2가지

힌트박스
오른쪽 '랑'으로
내려가기 - 3가지

Level. 02 아래와 같은 판이 있습니다. 연결된 육각형을 따라가면서 '고마워요'를 읽는 방법은 총 8가지입니다. 이때 육각형을 건너뛰면 안 됩니다. 〈보기〉와 다른 7가지 방법을 찾아 육각형을 색칠하고 선도 그리세요.

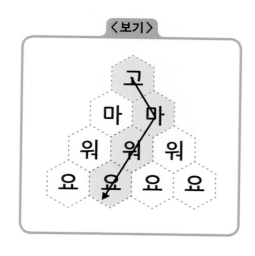

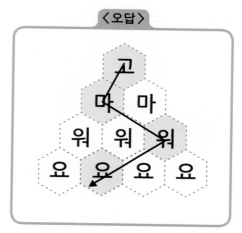

육각형을 건너뛰어서 오답입니다.

각 그림에 1가지씩만 찾아 그리세요.

힌트박스

왼쪽 '마'로 내려가기 - 4가지

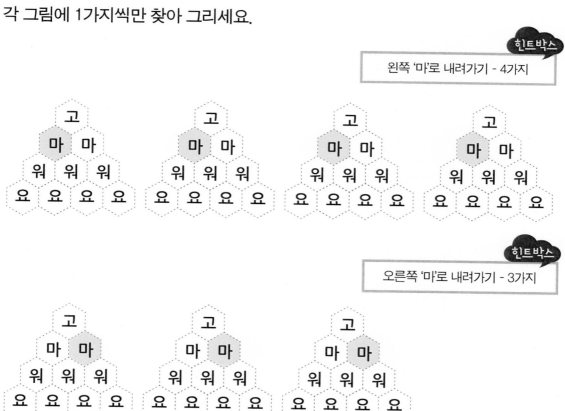

힌트박스

오른쪽 '마'로 내려가기 - 3가지

Level. 03 아래와 같은 판이 있습니다. <u>연결된 육각형을 따라가면서 '안녕하세요'를</u>
읽는 방법은 총 10가지입니다. <u>이때 육각형을 건너뛰면 안 됩니다.</u> 〈보기〉와 다른
9가지 방법을 찾아 육각형을 색칠하고 선도 그리세요.

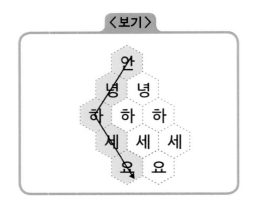

〈보기〉

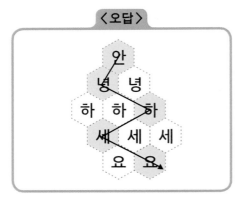

〈오답〉

육각형을 건너뛰어서 오답입니다.

각 그림에 1가지씩만 찾아 그리세요.

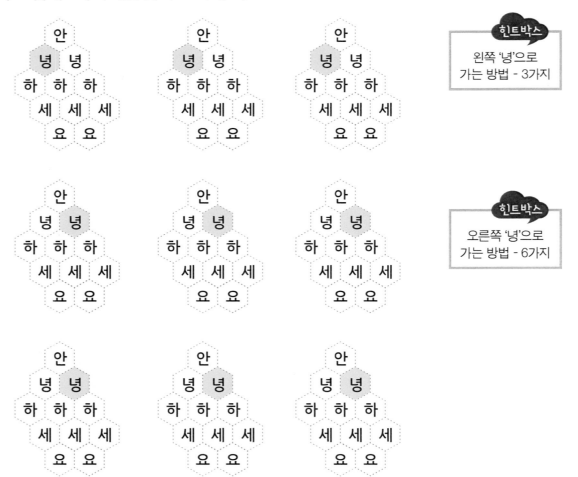

힌트박스
왼쪽 '녕'으로
가는 방법 - 3가지

힌트박스
오른쪽 '녕'으로
가는 방법 - 6가지

초등수학영재, 이 정도는 한다! ❶

"
구멍을 뚫어라!
"

Level. 01 정사각형 색종이를 두 번 접은 뒤 ○ 모양으로 구멍을 뚫었습니다. 다시 색종이를 펼치면 구멍이 여러 개입니다. <u>어디가 뚫릴지</u> 〈보기〉처럼 모두 찾아서 그리세요.

〈보기〉

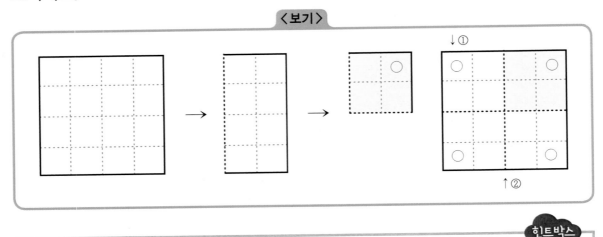

힌트박스

① 색칠된 부분을 왼쪽으로 뒤집어 위쪽을 완성합니다. ② 위쪽을 뒤집어 아래쪽을 완성합니다.

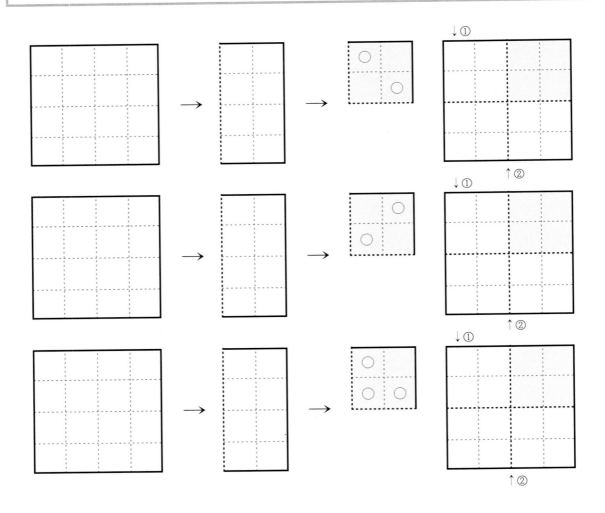

Level. 02 정사각형 색종이를 두 번 접은 뒤 △ 모양으로 구멍을 뚫었습니다. 다시 색종이를 펼치면 구멍이 여러 개입니다. <u>어디가 뚫릴지</u> 〈보기〉처럼 모두 찾아서 그리세요.

〈보기〉

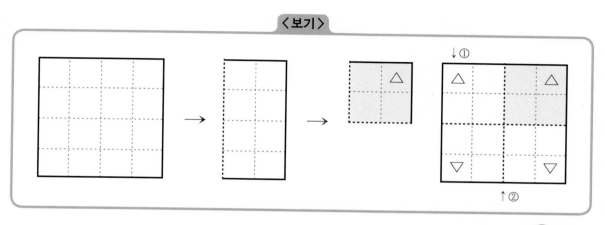

① 색칠된 부분을 왼쪽으로 뒤집어 위쪽을 완성합니다. ② 위쪽을 뒤집어 아래쪽을 완성합니다.

힌트박스

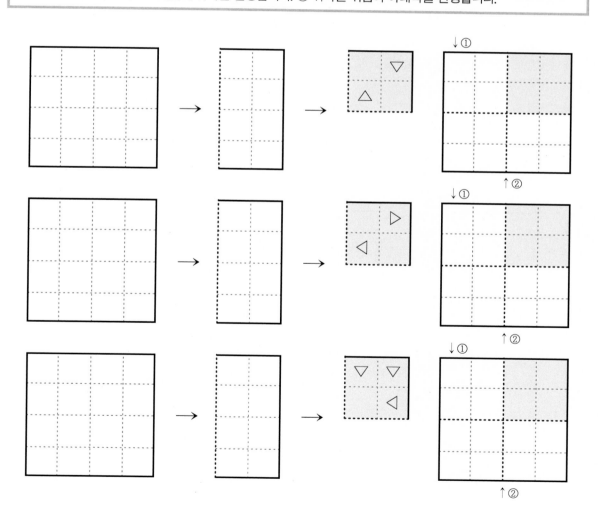

Level. 03 정사각형 색종이를 두 번 접은 뒤 여러 모양으로 구멍을 뚫었습니다. 다시 색종이를 펼치면 구멍이 여러 개입니다. <u>어디가 뚫릴지</u> 〈보기〉처럼 모두 찾아서 그리세요.

〈보기〉

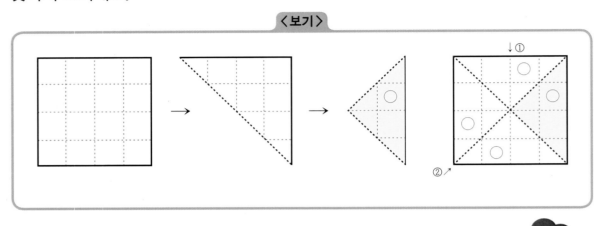

힌트박스

① 색칠된 부분(◁)을 뒤집어서 (▽)부분을 완성합니다. ② 대각선 반대편을 완성합니다.

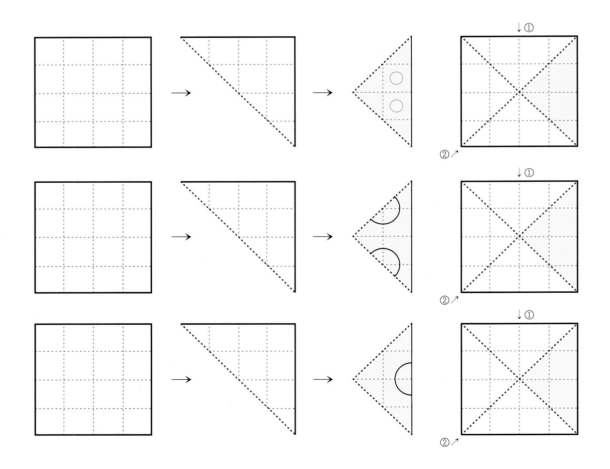

숨겨진 조각을 찾아라! ❶

Level. 01 왼쪽의 6조각을 합쳐서 오른쪽 모양을 만드는 방법은 다양합니다. 〈보기〉와 다른 2가지 방법을 찾아 각 조각의 자리에 이름을 쓰고 테두리 치세요. 조각은 뒤집거나 돌릴 수 있습니다.

〈보기〉

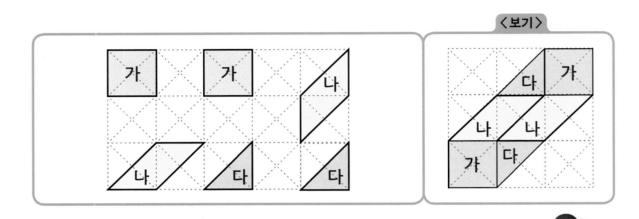

힌트박스
가 → 나 → 다 순서로 정하면 쉽습니다. 가의 자리는 위와 똑같이 유지하고 나, 다의 자리를 정해보세요.

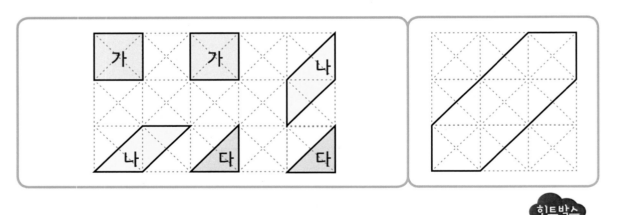

힌트박스
가 → 나 → 다 순서로 정하면 쉽습니다. 가의 자리를 위와 다르게 바꾼 뒤 나, 다의 자리를 정해보세요.

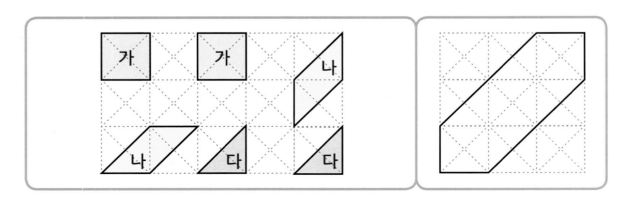

Level. 02 왼쪽의 6조각을 합쳐서 오른쪽 모양을 만드는 방법은 다양합니다. 〈보기〉와 다른 2가지 방법을 찾아 각 조각의 자리에 이름을 쓰고 테두리 치세요. 조각은 뒤집거나 돌릴 수 있습니다.

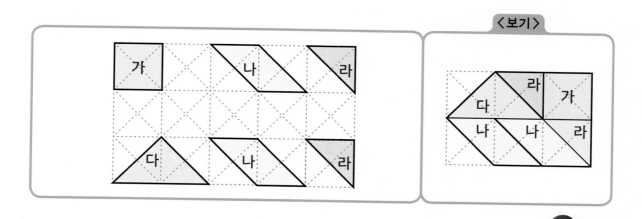

〈보기〉

힌트박스 가 → 다 → 나 → 라 순서로 정하면 쉽습니다. 가의 자리는 위와 똑같이 유지하고 다, 나, 라의 자리를 정해보세요.

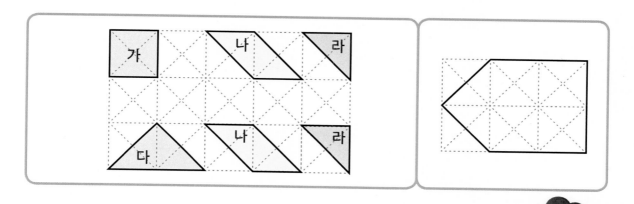

힌트박스 가 → 다 → 나 → 라 순서로 정하면 쉽습니다. 가의 자리를 위와 다르게 바꾼 뒤 다, 나, 라의 자리를 정해보세요.

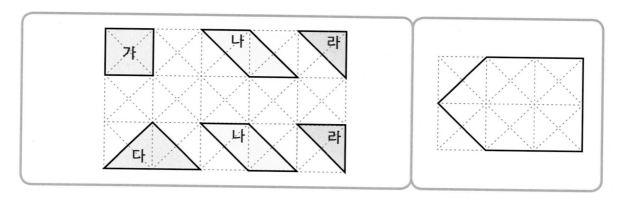

Level. 03 왼쪽의 7조각을 합쳐서 오른쪽 모양을 만드는 방법은 다양합니다.
〈보기〉와 다른 2가지 방법을 찾아 각 조각의 자리에 이름을 쓰고 테두리 치세요.
조각은 뒤집거나 돌릴 수 있습니다.

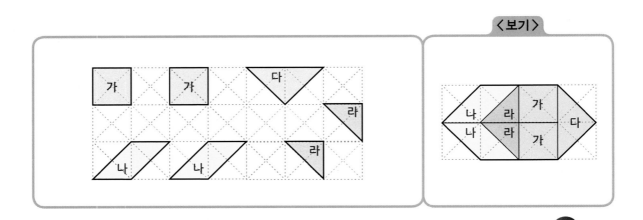

가 → 다 → 나 → 라 순서로 정하면 쉽습니다. 가의 자리는 위와 똑같이 유지하고 다, 나, 라의 자리를 정해보세요.

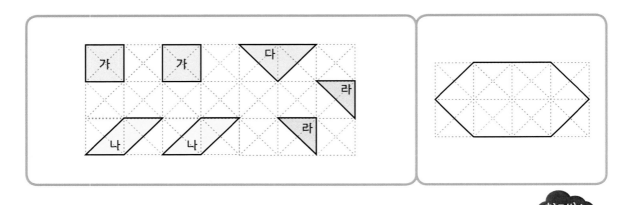

가 → 다 → 나 → 라 순서로 정하면 쉽습니다. 가의 자리를 위와 다르게 바꾼 뒤 다, 나, 라의 자리를 정해보세요.

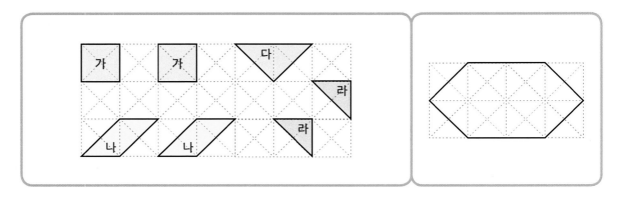

"

붕어빵을 담아라!

"

Level. 01 붕어빵 18개가 있습니다. 2개씩 또는 4개씩 봉지에 담는 방법은 총 4가지입니다. 〈보기〉와 다른 3가지 방법을 찾으세요. 2개짜리 묶음, 4개짜리 묶음을 만들고 각각 몇 봉지씩인지도 쓰세요. 2개씩만 담으면 안 됩니다.

〈보기〉

	2개씩	4개씩
	1 봉지	**4** 봉지

4개짜리 묶음을 점점 줄여 보세요.

	2개씩	4개씩
	___봉지	___봉지

	2개씩	4개씩
	___봉지	___봉지

	2개씩	4개씩
	___봉지	___봉지

Level. 02 붕어빵 22개가 있습니다. <u>2개씩</u> 또는 <u>4개씩</u> 봉지에 담는 방법은 총 5가지입니다. 〈보기〉와 다른 4가지 방법을 찾으세요. 2개짜리 묶음, 4개짜리 묶음을 만들고 각각 몇 봉지씩인지도 쓰세요. 2개씩만 담으면 안 됩니다.

〈보기〉

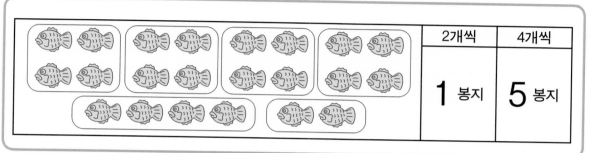

2개씩	4개씩
1 봉지	**5** 봉지

 힌트박스

4개짜리 묶음을 점점 줄여 보세요.

2개씩	4개씩
___봉지	___봉지

2개씩	4개씩
___봉지	___봉지

2개씩	4개씩
___봉지	___봉지

2개씩	4개씩
___봉지	___봉지

Level. 03 붕어빵 26개가 있습니다. 2개씩 또는 4개씩 봉지에 담는 방법은 총 6가지입니다. 〈보기〉와 다른 5가지 방법을 찾으세요. 2개짜리 묶음, 4개짜리 묶음을 만들고 각각 몇 봉지씩인지도 쓰세요. 2개씩만 담으면 안 됩니다.

〈보기〉

		2개씩	4개씩
		1 봉지	6 봉지

힌트박스

2개짜리 묶음을 점점 늘려 보세요.

	2개씩	4개씩
	___봉지	___봉지

	2개씩	4개씩
	___봉지	___봉지

	2개씩	4개씩
	___봉지	___봉지

	2개씩	4개씩
	___봉지	___봉지

	2개씩	4개씩
	___봉지	___봉지

바둑돌을 놓아라!

Level. 01 두 사람이 검은 돌(●)과 흰 돌(○)을 한 개씩 놓습니다. 같은 색 3개가 가로줄, 세로줄, 또는 대각선으로 <u>연달아 놓이면</u> 이깁니다.

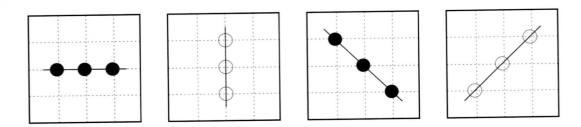

검은 돌과 흰 돌이 아래와 같이 놓여 있고 <u>이제 흰 돌을 놓을 차례입니다.</u> 흰 돌을 놓는 사람이 이기는 방법은 총 5가지입니다. 〈보기〉와 다른 4가지를 찾아서 흰 돌(○)을 그리고, 선도 그려 보세요.

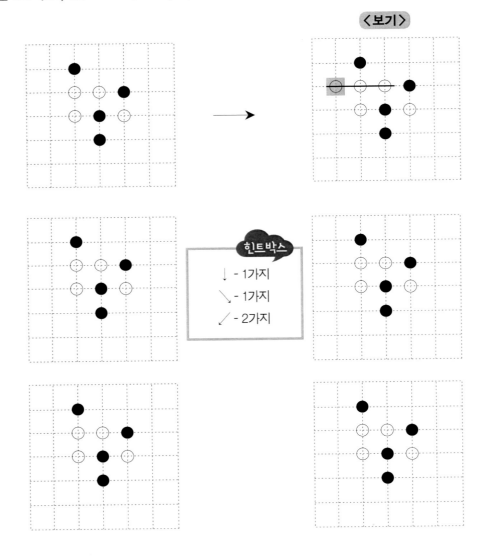

Level. 02 검은 돌과 흰 돌이 아래와 같이 놓여 있고 이제 흰 돌을 놓을 차례입니다. 흰 돌을 놓는 사람이 이기는 방법은 총 7가지입니다. 〈보기〉와 다른 6가지를 찾아서 흰 돌(○)을 그리고 선도 그려 보세요.

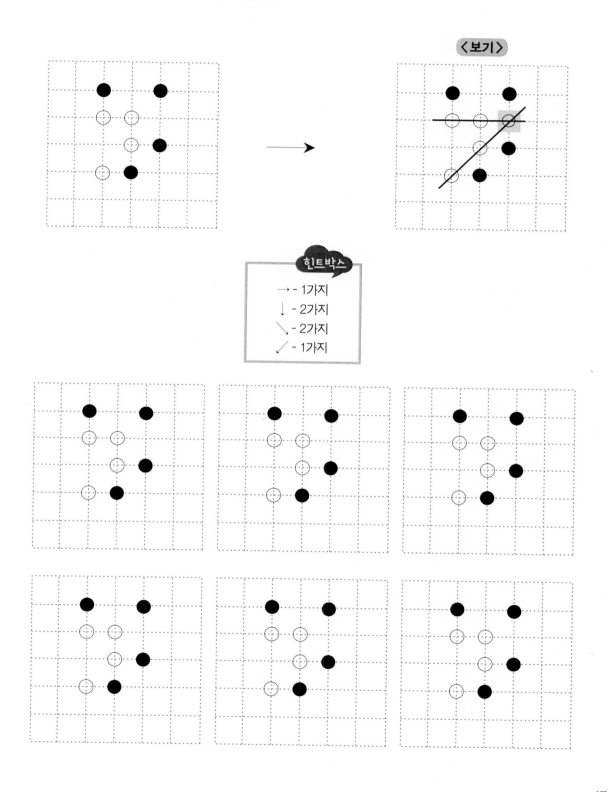

Level. 03 검은 돌과 흰 돌이 아래와 같이 놓여 있고 이제 흰 돌을 놓을 차례입니다. 흰 돌을 놓는 사람이 이기는 방법은 총 9가지입니다. 〈보기〉와 다른 8가지를 찾아서 흰 돌(○)을 그리고 선도 그려보세요.

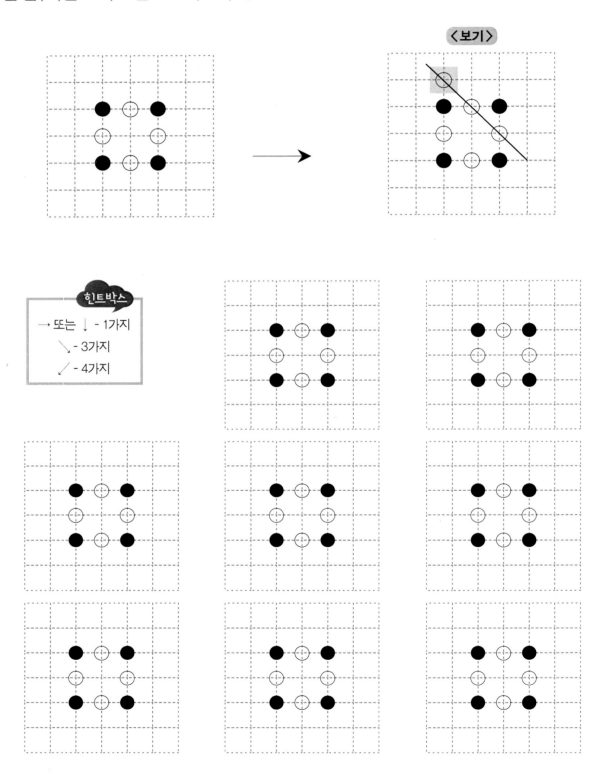

〈보기〉

힌트박스

→ 또는 ↓ - 1가지
↘ - 3가지
↗ - 4가지

초등수학영재, 이 정도는 한다! ❶

"
숨겨진 조각을 찾아라! ❷
"

Level. 01 판에 왼쪽 4개의 조각이 숨겨져 있습니다. 〈보기〉처럼 찾아서 안에 선을 그리고 <u>테두리 치세요.</u> 모양을 돌리거나 뒤집을 수도 있습니다. 단, ☺, ⑪, ☆은 <u>건드릴 수 없습니다.</u>

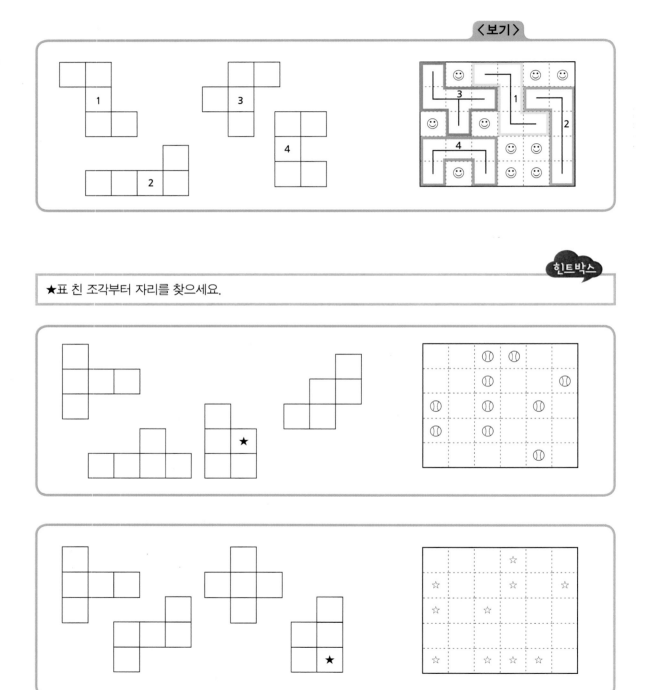

〈보기〉

힌트박스

★표 친 조각부터 자리를 찾으세요.

Level. 02 판에 왼쪽 4개의 조각이 숨겨져 있습니다. 〈보기〉처럼 찾아서 안에 선을 그리고 <u>테두리 치세요.</u> 모양을 돌리거나 뒤집을 수도 있습니다. 단, ☺, ⚾, ☆은 <u>건드릴 수 없습니다.</u>

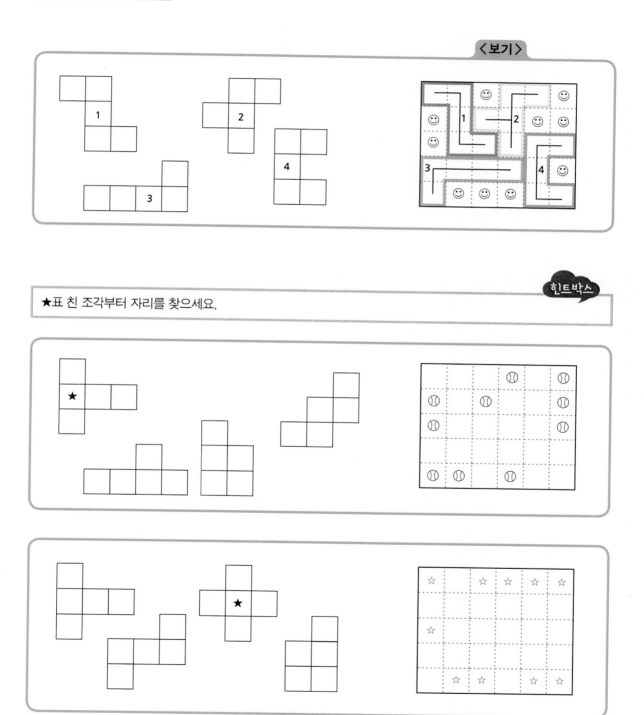

〈보기〉

★표 친 조각부터 자리를 찾으세요.

힌트박스

Level. 03 판에 왼쪽 4개의 조각이 숨겨져 있습니다. 〈보기〉처럼 찾아서 안에 선을 그리고 <u>테두리 치세요.</u> 모양을 돌리거나 뒤집을 수도 있습니다. 단, ☺, ⑪, ☆은 <u>건드릴 수 없습니다.</u>

〈보기〉

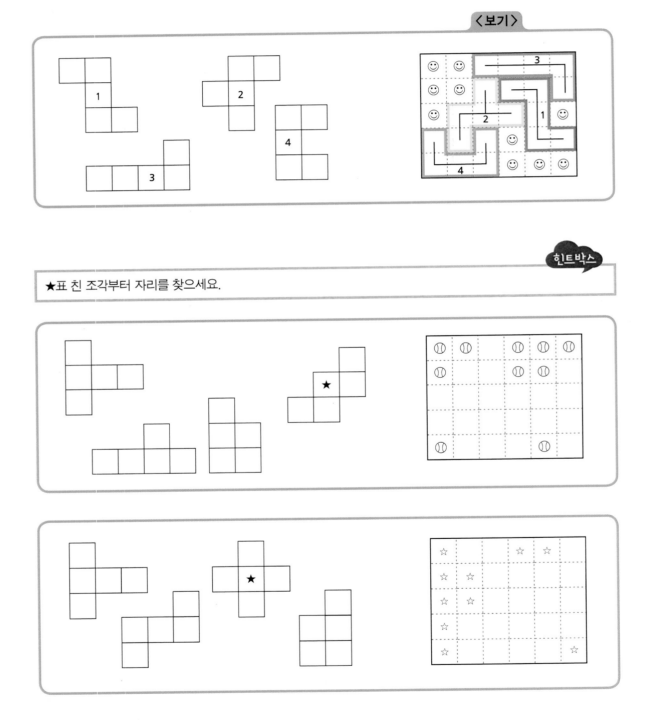

★표 친 조각부터 자리를 찾으세요.

초등수학영재, 이 정도는 한다! ❶

"
비밀번호를 만들어라!
"

Level. 01 아래와 같은 번호판을 이용해 비밀번호를 만들려고 합니다.

1	2	3
4	5	6
7	8	9
*	0	#

<u>비밀번호 패턴은 아래와 같은 순서로 3개의 숫자나 기호를 선택하는 것입니다.</u>

위의 패턴대로 비밀번호를 만드는 방법은 총 6가지입니다. 〈보기〉와 다른 5가지를 찾아 순서를 정확하게 맞춰서 쓰세요.

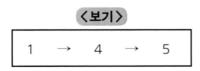

패턴의 순서에 맞지 않아 오답입니다.

힌트박스
위에서 아래로
내려가면서 찾아보세요.

___ → ___ → ___		
___ → ___ → ___		
___ → ___ → ___		
___ → ___ → ___		
___ → ___ → ___		

Level. 02 오른쪽과 같은 번호판을 이용해 비밀번호를 만들려고 합니다. 비밀번호의 패턴은 아래와 같은 순서로 4개의 <u>숫자나 기호를 선택하는 것</u>입니다.

1	2	3
4	5	6
7	8	9
*	0	#

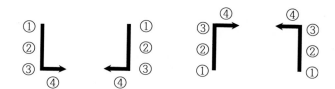

위의 패턴대로 비밀번호를 만드는 방법은 총 16가지입니다. 〈보기〉와 다른 15가지를 찾아 순서를 정확하게 맞춰서 쓰세요.

〈보기〉

1 → 4 → 7 → 8

〈오답〉

1 → 7 → 8 → 4

패턴의 순서에 맞지 않아 오답입니다.

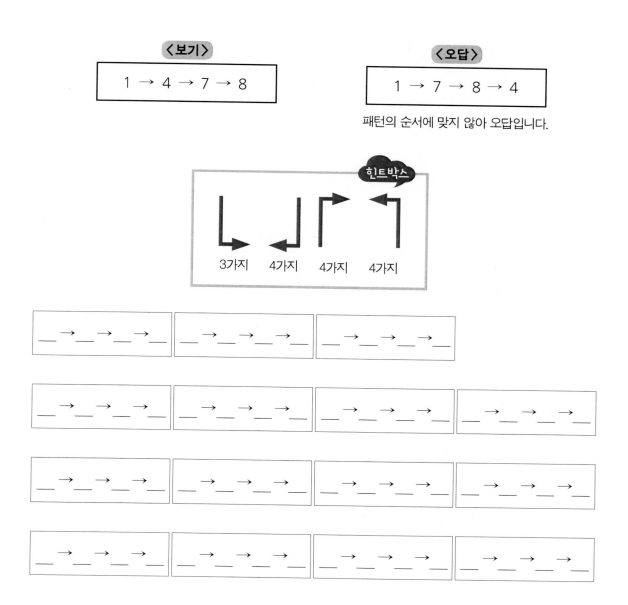

힌트박스

3가지   4가지   4가지   4가지

__ → __ → __ → __   __ → __ → __ → __   __ → __ → __ → __

__ → __ → __ → __   __ → __ → __ → __   __ → __ → __ → __   __ → __ → __ → __

__ → __ → __ → __   __ → __ → __ → __   __ → __ → __ → __   __ → __ → __ → __

__ → __ → __ → __   __ → __ → __ → __   __ → __ → __ → __   __ → __ → __ → __

Level. 03 오른쪽과 같은 번호판을 이용해 비밀번호를 만들려고 합니다. 비밀번호의 패턴은 아래와 같은 순서로 4개의 숫자나 기호를 선택하는 것입니다.

1	2	3
4	5	6
7	8	9
*	0	#

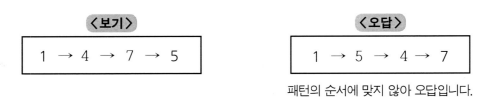

위의 패턴대로 비밀번호를 만드는 방법은 총 16가지입니다. 〈보기〉와 다른 15가지를 찾아 순서를 정확하게 맞춰서 쓰세요.

〈보기〉

1 → 4 → 7 → 5

〈오답〉

1 → 5 → 4 → 7

패턴의 순서에 맞지 않아 오답입니다.

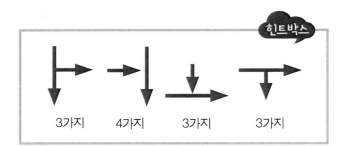

힌트박스

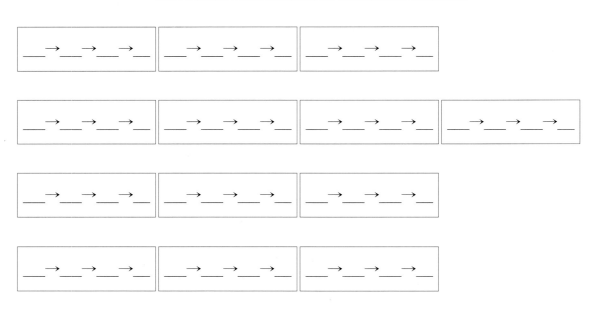

___ → ___ → ___ → ___   ___ → ___ → ___ → ___   ___ → ___ → ___ → ___

___ → ___ → ___ → ___   ___ → ___ → ___ → ___   ___ → ___ → ___ → ___   ___ → ___ → ___ → ___

___ → ___ → ___ → ___   ___ → ___ → ___ → ___   ___ → ___ → ___ → ___

___ → ___ → ___ → ___   ___ → ___ → ___ → ___   ___ → ___ → ___ → ___

초등수학영재, 이 정도는 한다! ❶

"

겹치지 않게 글자를 써라!

"

Level. 01 아래와 같은 판의 각 칸에 '가, 나, 다, 라'의 4글자를 규칙에 맞게 넣어야 합니다. 〈보기〉처럼 넣으면 규칙에 맞습니다. 남은 판도 규칙에 맞게 채우세요.

> 규칙 1. 가로줄에 같은 글자가 있으면 안 됩니다.
> 규칙 2. 세로줄에 같은 글자가 있으면 안 됩니다.
> 규칙 3. 같은 색 조각에 같은 글자가 있으면 안 됩니다.

〈보기〉

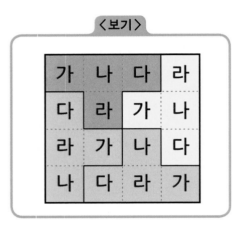

〈오답〉

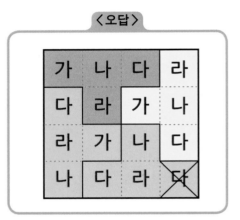

×표 친 '다'는 가로줄, 세로줄,
같은 색 조각에서 겹칩니다.

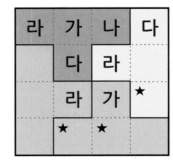

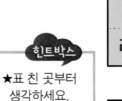

★표 친 곳부터
생각하세요.

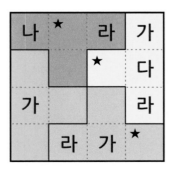

Level. 02 아래와 같은 판의 각 칸에 '깨, 조, 콩, 팥'의 4글자를 규칙에 맞게 넣어야 합니다. 〈보기〉처럼 넣으면 규칙에 맞습니다. 남은 판도 규칙에 맞게 채우세요.

> 규칙 1. 가로줄에 같은 글자가 있으면 안 됩니다.
> 규칙 2. 세로줄에 같은 글자가 있으면 안 됩니다.
> 규칙 3. 같은 색 조각에 같은 글자가 있으면 안 됩니다.

×표 친 '팥'은 가로줄, 세로줄, 같은 색 조각에서 겹칩니다.

힌트박스

★표 친 곳을 쓴 뒤 ★★표 친 곳을 생각하세요.

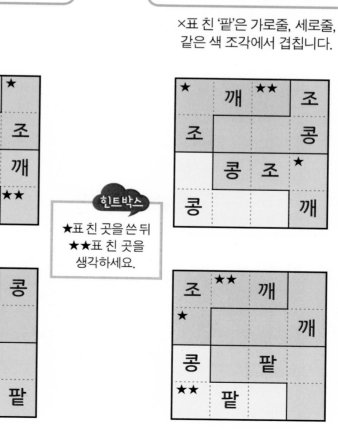

Level. 03 아래와 같은 판의 각 칸에 '가, 나, 다, 라, 마, 바'의 6글자를 규칙에 맞게 넣어야 합니다. 〈보기〉처럼 넣으면 규칙에 맞습니다. 남은 판도 규칙에 맞게 채우세요.

규칙 1. 가로줄에 같은 글자가 있으면 안 됩니다.

규칙 2. 세로줄에 같은 글자가 있으면 안 됩니다.

규칙 3. 같은 색 조각에 같은 글자가 있으면 안 됩니다.

〈보기〉

가	나	다	라	마	바
라	마	바	가	다	나
바	라	마	다	나	가
나	다	가	바	라	마
다	바	나	마	가	라
마	가	라	나	바	다

〈오답〉

가	나	다	라	마	바
라	마	바	가	다	나
바	라	마	다	나	가
나	다	가	바	라	마
다	바	나	마	가	라
마	가	라	나	바	가̶

×표 친 '가'는 가로줄, 세로줄,
같은 색 조각에서 겹칩니다.

힌트박스

★표 친 곳부터
생각한 뒤
★★표 친 곳을 생각하세요.

바			다	나	가
나		가	바		★★
가	나		★★		
		바	가	다	나
★★	가	마		바	★★
다		나	★	가	마

마	★★	나	바		가
	바		라		
★★		가	마	바	
나		바	★		
바	가		나		마
★	라		가		바

"
3등분을 해라!
"

Level. 01 〈보기〉처럼 <u>모양 위에 자를 대고 직선을 두 번 그으면</u> 크기와 모양이 같은 3등분이 됩니다. 다른 모양들도 3등분이 되도록 직선을 그으세요.

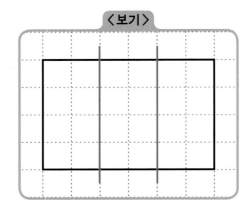

〈보기〉

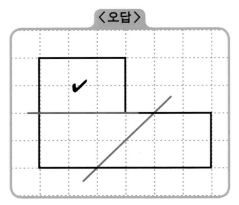

〈오답〉

3조각의 크기는 6칸으로 같지만
1조각의 모양이 달라서 오답입니다.

힌트박스

직각삼각형 (◺) 3개로 나뉩니다.
2가지 방법이 있습니다.

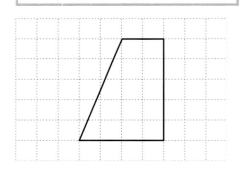

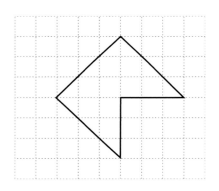

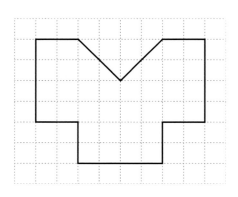

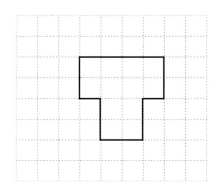

Level. 02 〈보기〉처럼 <u>점선을 따라 선을 그려 나누면</u> 크기와 모양이 같은 3등분이 됩니다. 다른 모양들도 3등분이 되도록 남은 선을 완성하세요.

〈보기〉

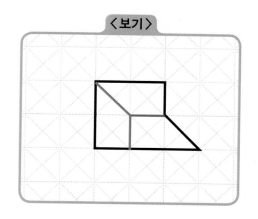

〈오답〉

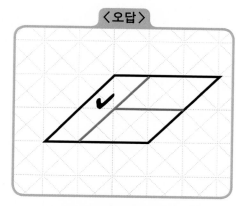

3조각의 크기는 같지만 1조각의
모양이 달라서 오답입니다.

힌트박스
3조각이 모두 왼쪽을 향해 나란히 놓입니다.

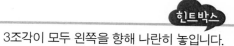

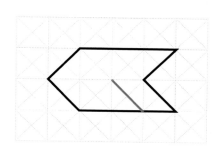

힌트박스
3조각의 방향이 모두 다릅니다.

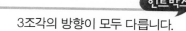

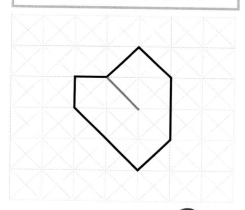

힌트박스
3조각이 모두 아래를 향해 나란히 놓입니다.

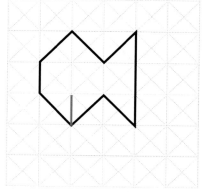

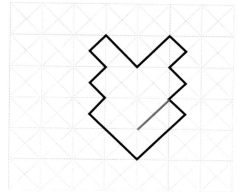

Level. 03 〈보기〉처럼 점선을 따라 선을 그려 나누면 크기와 모양이 같은 3등분이 됩니다. 다른 육각형도 3등분이 되도록 남은 선을 완성하세요.

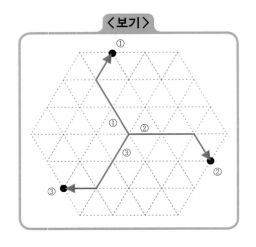

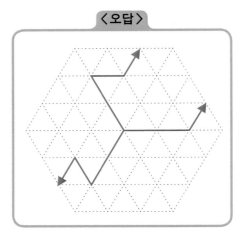

3조각의 모양이 모두 달라서 오답입니다.

힌트박스

3조각이 선풍기 날개처럼 맞물립니다. 1번 선은 1번 점에, 2번 선은 2번 점에, 3번 선은 3번 점에 도착합니다.

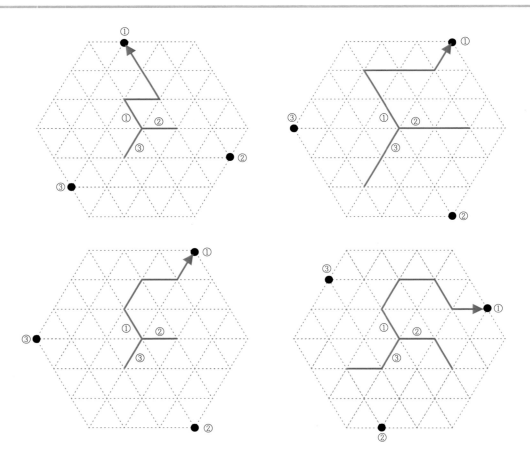

땅을 나눠라! ❷

Level. 01 12칸짜리 땅을 〈보기〉처럼 ▱▱▱ - 2개, └┘ - 2개로 나누는 방법은 다양합니다. └┘ - 1개의 위치가 아래처럼 정해져 있을 때 나머지 조각이 채워지는 서로 다른 6가지 방법을 찾아 안에 선을 긋고 테두리 치세요. 조각의 모양은 돌리거나 뒤집을 수 있습니다.

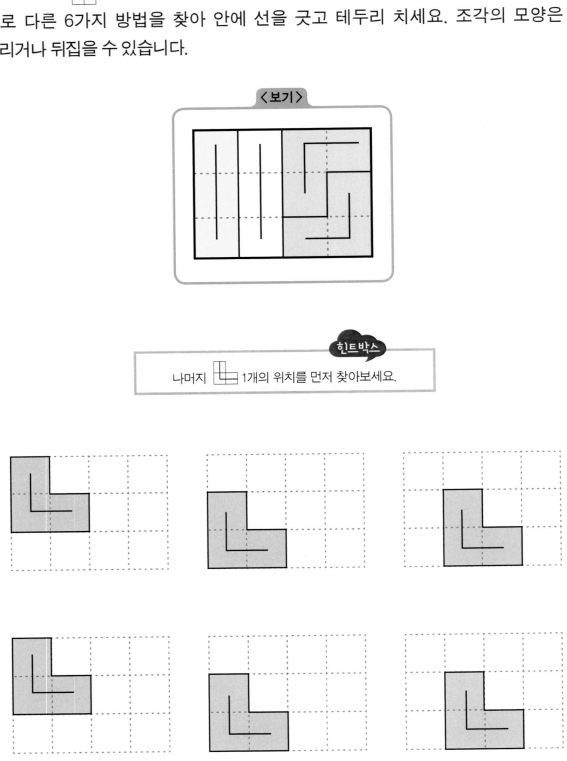

〈보기〉

힌트박스

나머지 └┘ 1개의 위치를 먼저 찾아보세요.

Level. 02 18칸짜리 땅을 ⊞⊞⊞ - 2개, ⌐⌐ - 4개로 나누는 방법은 매우 다양한데, 아래와 같이 두 조각의 위치가 정해져 있을 때에는 총 8가지가 존재합니다. 〈보기〉처럼 방법을 찾아 안에 선을 긋고 테두리 치세요. 조각의 모양은 돌리거나 뒤집을 수 있습니다.

〈보기〉

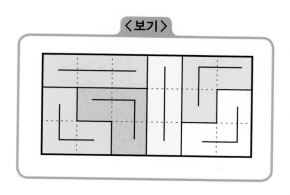

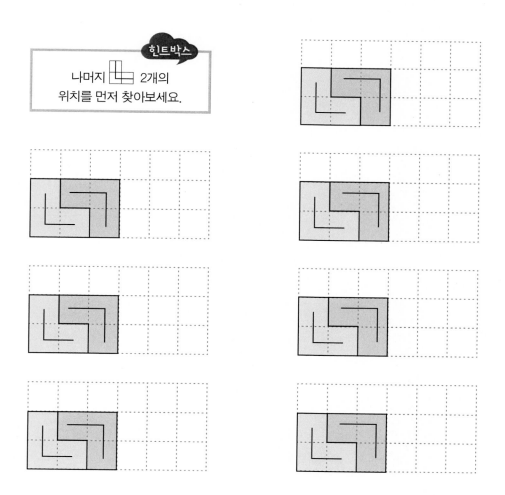

힌트박스

나머지 ⌐ 2개의 위치를 먼저 찾아보세요.

Level. 03 18칸짜리 땅을 ▦ - 4개, ⌐ - 2개로 나누는 방법은 매우 다양한데, 아래와 같이 한 조각의 위치가 정해져 있을 때에는 총 8가지가 존재합니다. 〈보기〉처럼 방법을 찾아 안에 선을 긋고 테두리 치세요. 조각의 모양은 돌리거나 뒤집을 수 있습니다.

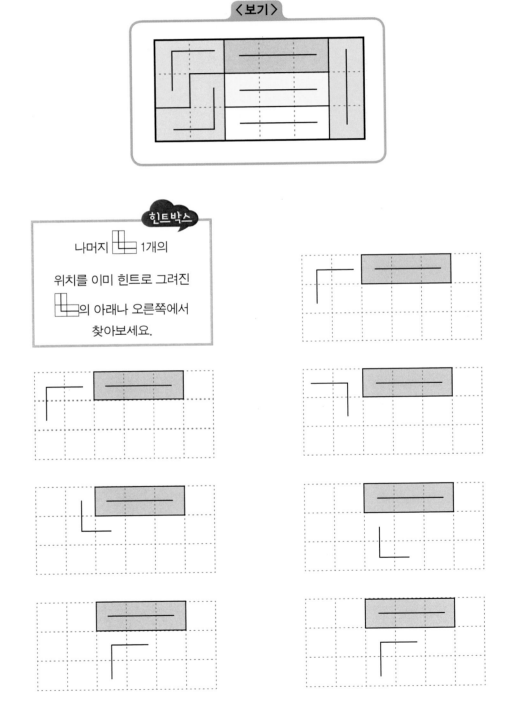

초등수학영재, 이 정도는 한다! ❶

" 동전을 넣어라! "

Level. 01 각 칸에 100원을 넣거나 비워둡니다. 이때 같은 가로줄에 있는 수의 합이 200원, 같은 세로줄에 있는 수의 합이 200원이 되는 방법은 다양합니다. 〈보기〉와 다른 5가지 방법을 찾아 수를 쓰세요.

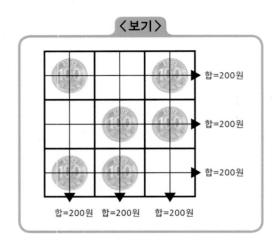

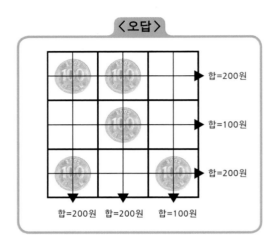

합이 200원이 아닌 줄이 있어서
오답입니다.

100	100	

100	100	

힌트박스
가로줄과 세로줄을
함께 보아야 합니다.

	100	100

	100	100

100		100

Level. 02 각 칸에 100원 또는 50원을 넣거나 비워둡니다. 이때 같은 가로줄에 있는 수의 합이 200원, 같은 세로줄에 있는 수의 합이 200원이 되는 방법은 다양합니다. 〈보기〉와 다른 5가지 방법을 찾아 수를 쓰세요. 단, 100원짜리만 사용하거나 50원짜리만 사용해서는 안됩니다.

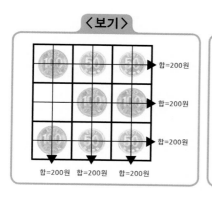

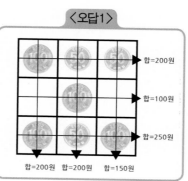

합이 200원이 아닌 줄이
있어서 오답입니다.

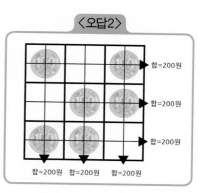

100원짜리만 사용해서
오답입니다.

색칠된 부분을 먼저
채우세요.
빈 칸이 되어야 하는
곳에 ×표를 치세요.

100		
	100	
		100

	100	
100		
		100

100		100
	100	
	100	

100	100	
		100
		100

		100
100	100	
		100

Level. 03 각 칸에 100원 또는 50원을 넣거나 비워둡니다. 이때 같은 가로줄에 있는 수의 합이 200원, 같은 세로줄에 있는 수의 합이 200원이 되는 방법은 다양합니다. 〈보기〉와 다른 5가지 방법을 더 찾으려고 합니다. 단, 50원짜리만 추가할 수 있습니다. 방법을 찾아 수를 쓰세요.

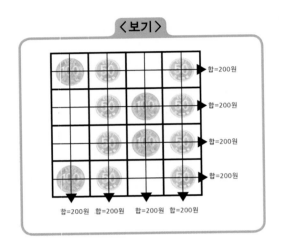

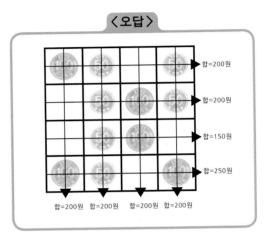

합이 200원이 아닌 줄이 있어서 오답입니다.

색칠된 부분을 먼저 채우세요.
빈 칸이 되어야 하는 곳에 ×표를 치세요.

2가지 방법이 있지만
1가지만 찾으세요.

	100		
		100	

	100		
		100	
			100

100			100
	100	100	

100			
	100		
	100		
		100	100

100			
100	100		
		100	100
			100

2가지 방법이 있지만
1가지만 찾으세요.

초등수학영재, 이 정도는 한다! **①**

> ## 모두 찾아라!

Level. 01 아래 판에는 직각삼각형(◺)이 다양한 크기와 여러 방향으로 많이 숨겨져 있습니다. 〈보기〉는 4칸짜리 직각삼각형입니다. 7가지 방법을 더 찾아 테두리 치세요. 이때 1칸짜리는 찾지 않습니다. <u>돌리거나 뒤집어서 같은 모양도 위치가 다르면 괜찮습니다.</u>

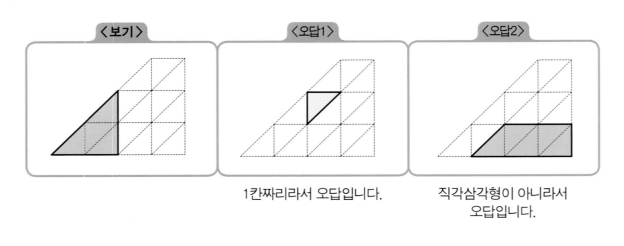

〈보기〉 〈오답1〉 〈오답2〉

1칸짜리라서 오답입니다. 직각삼각형이 아니라서 오답입니다.

힌트박스

4칸짜리 - 5개, 9칸짜리 - 2개, 거꾸로 된 것도 찾으세요.

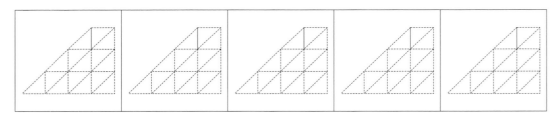

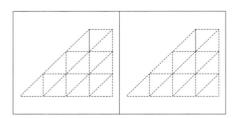

Level. 02 아래 판에는 지붕모양 사다리꼴(⬜)이 다양한 크기와 여러 방향으로 많이 숨겨져 있습니다. 〈보기〉는 3칸짜리입니다. 12가지 방법을 더 찾아 테두리 치세요. <u>돌리거나 뒤집어서 같은 모양도 위치가 다르면 괜찮습니다.</u>

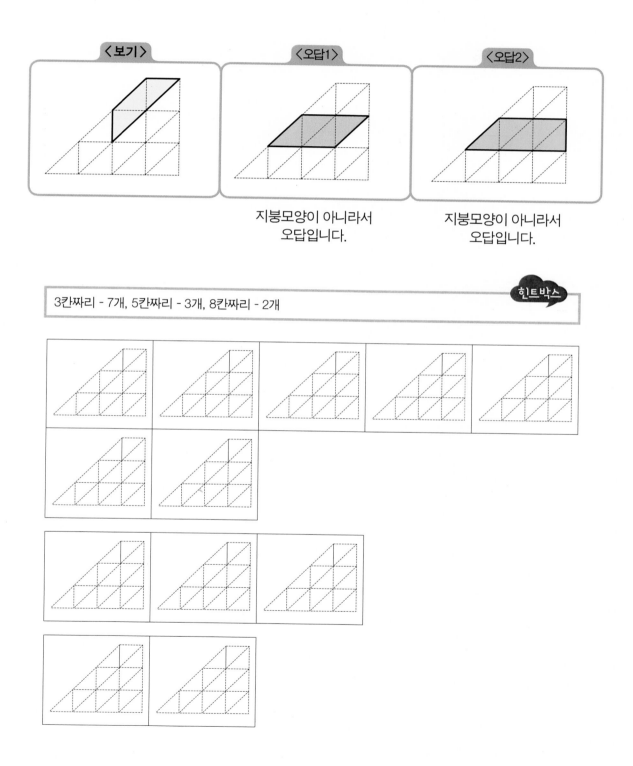

〈보기〉

〈오답1〉

지붕모양이 아니라서
오답입니다.

〈오답2〉

지붕모양이 아니라서
오답입니다.

힌트박스

3칸짜리 - 7개, 5칸짜리 - 3개, 8칸짜리 - 2개

Level. 03 아래 판에는 기울어진 평행사변형(▱)이 다양한 크기와 여러 방향으로 많이 숨겨져 있습니다. 〈보기 1〉은 날씬한 4칸짜리이고, 〈보기 2〉는 통통한 4칸짜리입니다. 11가지 방법을 더 찾아 테두리치세요. 단, 2칸짜리는 찾지 않습니다. 돌리거나 뒤집어서 같은 모양도 위치가 다르면 괜찮습니다.

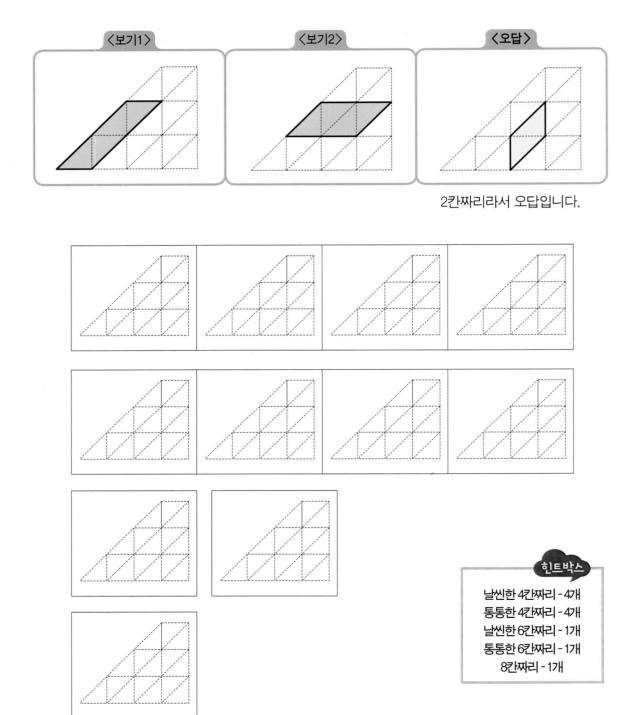

2칸짜리라서 오답입니다.

초등수학영재, 이 정도는 한다! ❶

“
주사위를 던져라!
”

Level. 01 아래와 같은 2개의 주사위가 있습니다.

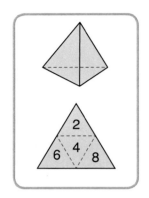 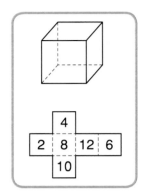

두 주사위를 동시에 던졌을 때 <u>바닥에 닿아 있는 면에 적힌 두 수의 합이 10이 되는 경우는 총 4가지</u>입니다. 〈보기〉와 다른 3가지 경우를 찾아 수를 쓰세요.

합이 8이어서 오답입니다.

힌트박스

△ 안의 수를 점점 늘려 보세요.

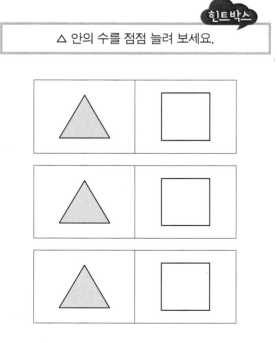

Level. 02 아래와 같은 3개의 주사위가 있습니다.

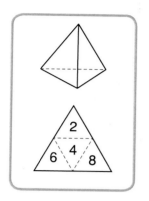 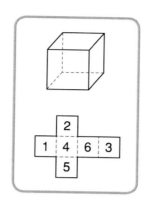 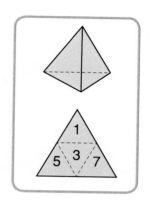

세 주사위를 동시에 던졌을 때 <u>바닥에 닿아 있는 면</u>에 적힌 세 수의 합이 12인 경우는
총 10가지입니다. 〈**보기**〉와 다른 9가지를 찾아 수를 쓰세요.

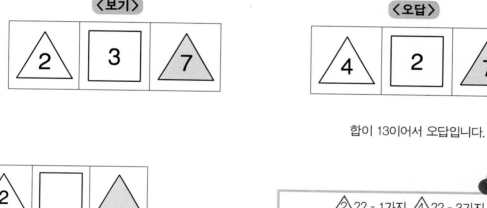

합이 13이어서 오답입니다.

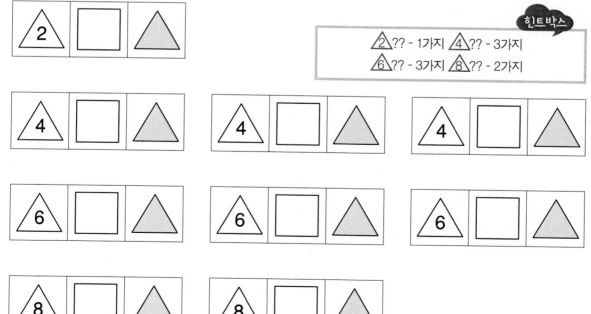

Level. 03 아래와 같은 3개의 주사위가 있습니다.

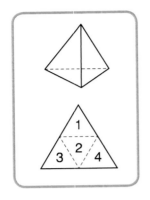 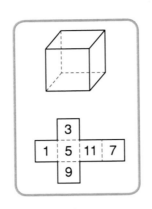 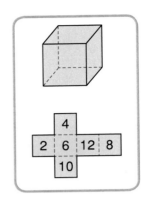

세 주사위를 동시에 던졌을 때 바닥에 닿아 있는 면에 적힌 세 수의 합이 15가 되는 경우는 총 11가지입니다. 〈보기〉와 다른 10가지를 찾아 수를 쓰세요.

〈보기〉

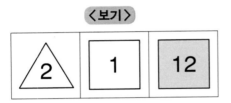

〈오답〉

합이 16이어서 오답입니다.

힌트박스

15는 홀수인데, 짝 + 홀 + 짝 = 홀 이므로 △는 2 또는 4입니다.

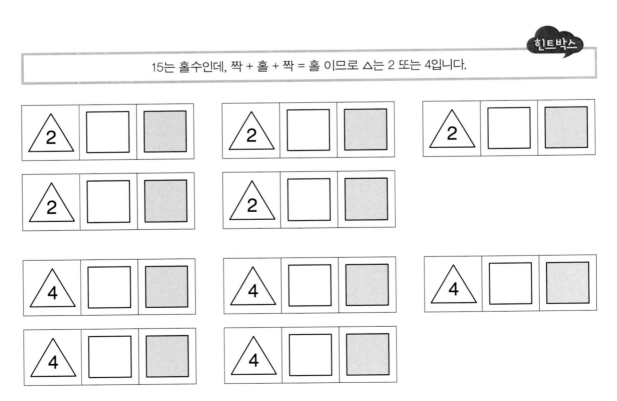

초등수학영재, 이 정도는 한다! ①

미로를 빠져나가라!

Level. 01 아래와 같은 미로에서 방을 5개만 지나 출발점에서 도착점까지 가는 방법은 총 8가지입니다. 〈보기〉는 출발점에서 위쪽으로 가서 1번 → 2번 → 4번 → 5번 → 7번 방을 지나 위쪽으로 나가는 방법입니다. 〈보기〉와 다른 방법 7가지를 더 찾아서 지나는 길을 선으로 표시하세요.

〈보기〉

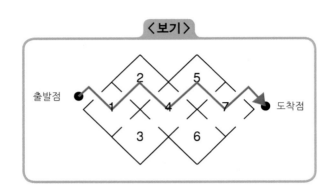

힌트박스

1 → 2로 가는 방법 - 3가지
1 → 3으로 가는 방법 - 4가지

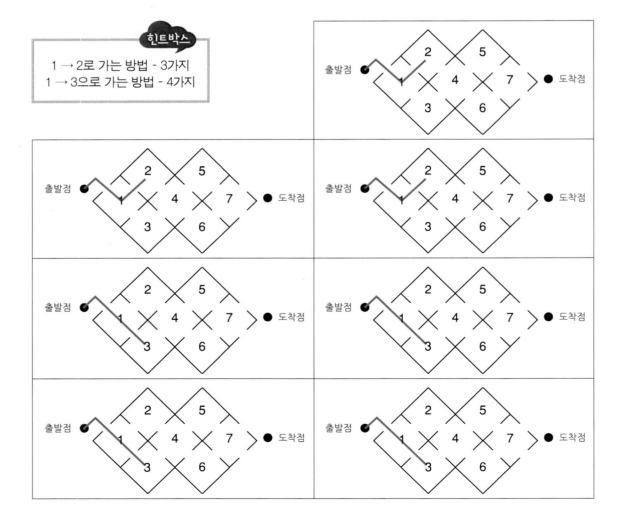

Level. 02 아래와 같은 미로에서 방을 5개만 지나 출발점에서 도착점까지 가는 방법은 총 10가지입니다. 〈보기〉는 출발점에서 아래쪽으로 가서 1번→2번→5번→6번→8번 방을 지나서 가는 방법입니다. 〈보기〉와 다른 방법 9가지를 더 찾아서 지나는 길을 선으로 표시하세요.

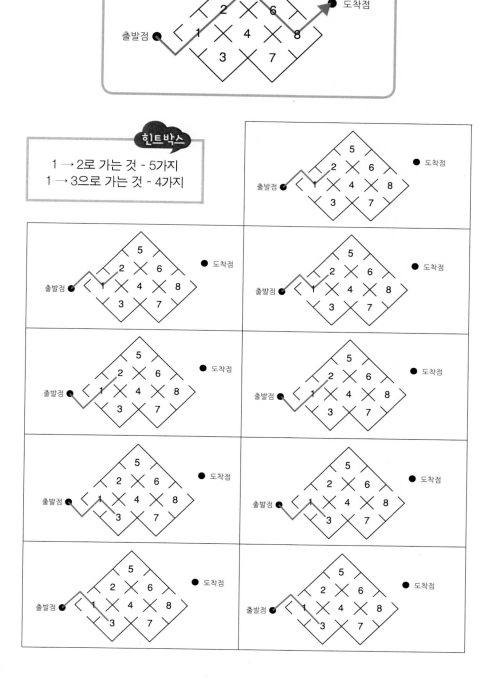

Level. 03 아래와 같은 미로에서 방을 5개만 지나 출발점에서 도착점까지 가는 방법은 총 12가지입니다. 〈보기〉는 출발점에서 위쪽으로 가서 1번→3번→5번→6번→8번 방을 지나서 가는 방법입니다. 〈보기〉와 다른 방법 11가지를 더 찾아서 지나는 길을 선으로 표시하세요.

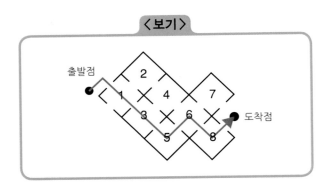

〈보기〉

힌트박스

출발점에서 위쪽으로 - 5가지
출발점에서 아래쪽으로 - 6가지

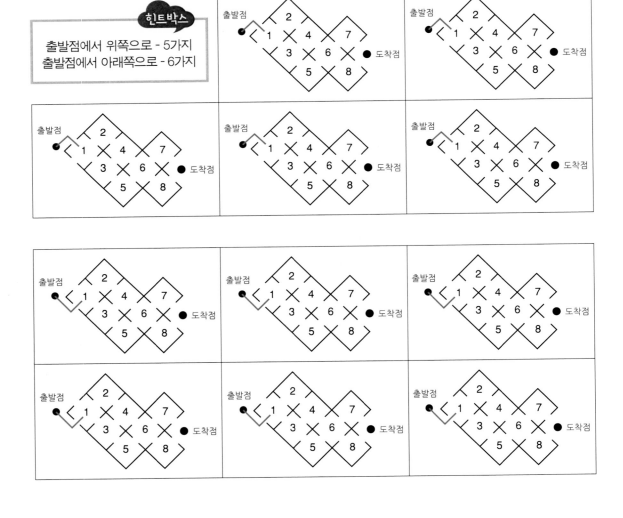

초등수학영재, 이 정도는 한다! **1**

" 땅을 나눠라! **3** "

Level. 01 16칸짜리 땅을 〈보기〉처럼 정해진 조각이 정해진 개수만큼 나오도록 나누는 방법은 다양합니다. 나머지 그림에서도 정해진 조각과 정해진 개수만큼 나오는 방법 1가지씩을 찾아 안에 선을 그리고 테두리 치세요.

〈보기〉

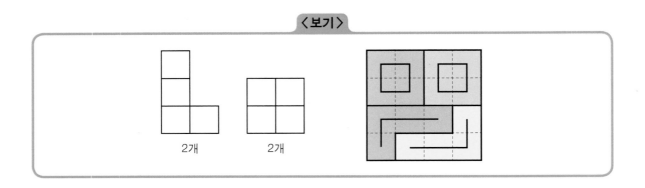

힌트박스

★표 친 것부터 자리를 정하세요.

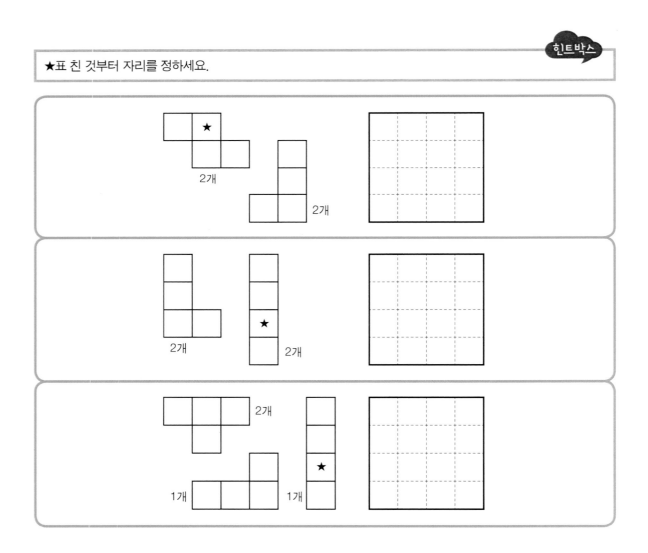

Level. 02 20칸짜리 땅을 〈보기〉처럼 정해진 조각이 나오도록 나누는 방법은
다양합니다. 이번에는 각 조각이 몇 개씩 나올지 여러분의 자유입니다. 나머지
그림에서도 방법 1가지씩을 찾아 안에 선을 그리고 테두리 치세요.

〈보기〉

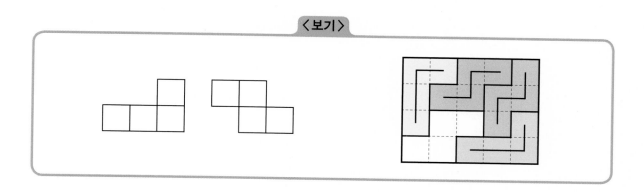

★표 친 것부터 자리를 정하세요.

힌트박스

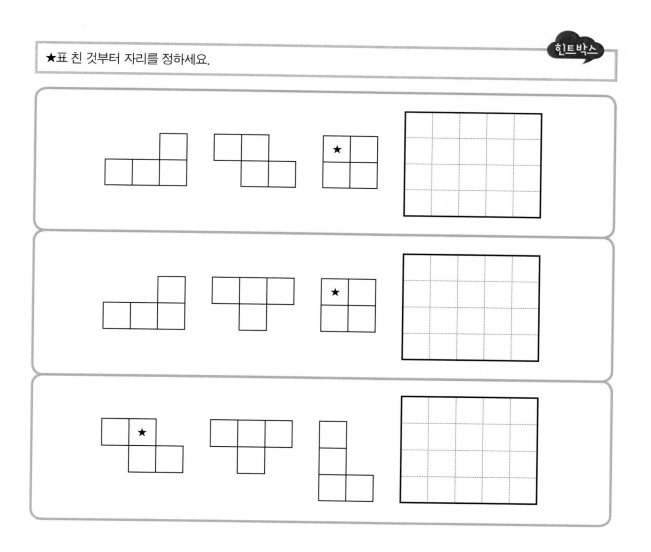

Level. 03 24칸짜리 땅을 〈보기〉처럼 정해진 조각이 나오도록 나누는 방법은 다양합니다. 이번에는 각 조각이 몇 개씩 나올지 여러분의 자유입니다. 나머지 그림에서도 방법 1가지씩을 찾아 안에 선을 그리고 테두리 치세요.

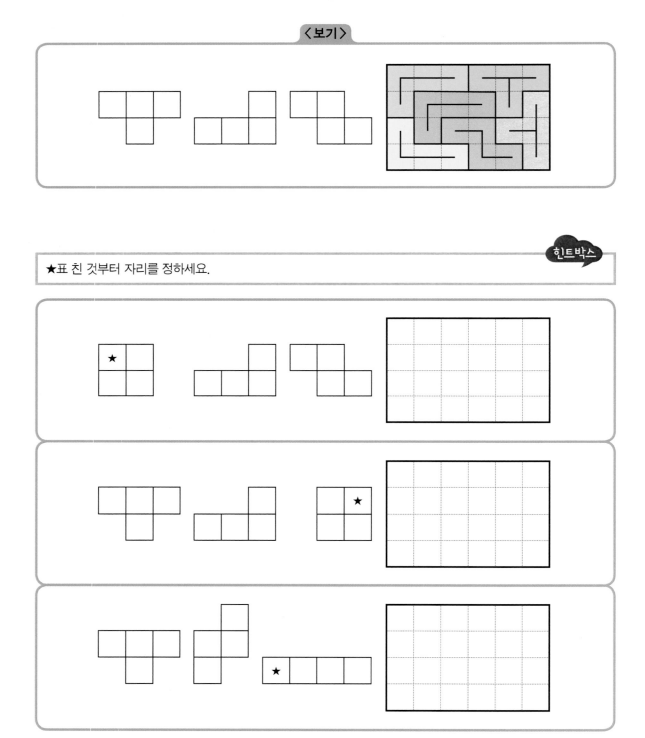

★표 친 것부터 자리를 정하세요.

초등수학영재, 이 정도는 한다! ❶

"
합을 찾아라!
"

Level. 01 각 판에 나란히 있는 가로 두 칸(□□), 세로 두 칸(目), 또는 대각선 두 칸(◰, ◳)의 합이 15인 경우는 총 5가지입니다. 모두 찾아 〈보기〉처럼 묶음을 만드세요.

〈보기〉

14	4	5	10
2	1	8	9
7	3	6	5
8	13	12	11

힌트박스
╲ 방향 - 2가지
╱ 방향 - 1가지
— 방향 - 1가지
│ 방향 - 1가지

힌트박스
╲ 방향 - 1가지
╱ 방향 - 1가지
— 방향 - 2가지
│ 방향 - 1가지

9	4	12	3
6	1	5	9
13	7	8	1
10	2	14	8

4	12	9	7
3	2	8	1
1	10	2	13
14	9	6	4

힌트박스
╲ 방향 - 0가지
╱ 방향 - 2가지
— 방향 - 2가지
│ 방향 - 1가지

힌트박스
╲ 방향 - 0가지
╱ 방향 - 2가지
— 방향 - 1가지
│ 방향 - 2가지

1	2	3	12
14	6	8	4
7	5	13	11
10	2	9	5

3	9	6	5
12	1	14	8
6	5	4	10
2	13	6	11

힌트박스
╲ 방향 - 1가지
╱ 방향 - 0가지
— 방향 - 3가지
│ 방향 - 1가지

Level. 02 각 판에 나란히 있는 가로 세 칸(▭▭▭), 또는 세로 세 칸(⬚), 또는 대각선

세 칸()의 합이 15인 경우는 총 3가지입니다. 모두 찾아 〈보기〉처럼

묶음을 만드세요.

〈보기〉

1	2	12	5
4	8	4	2
9	3	5	7
2	10	4	11

힌트박스
╲ 방향 - 0가지
╱ 방향 - 0가지
— 방향 - 2가지
│ 방향 - 1가지

힌트박스
╲ 방향 - 0가지
╱ 방향 - 1가지
— 방향 - 2가지
│ 방향 - 0가지

2	8	5	4
6	7	4	12
9	10	2	5
1	4	7	4

2	5	3	7
7	1	10	2
6	5	9	8
1	10	4	3

힌트박스
╲ 방향 - 0가지
╱ 방향 - 0가지
— 방향 - 2가지
│ 방향 - 1가지

힌트박스
╲ 방향 - 1가지
╱ 방향 - 1가지
— 방향 - 1가지
│ 방향 - 0가지

7	3	10	12
8	1	3	2
4	7	5	9
6	5	4	10

2	10	7	5
5	4	3	6
4	7	1	8
9	2	10	3

힌트박스
╲ 방향 - 0가지
╱ 방향 - 2가지
— 방향 - 1가지
│ 방향 - 0가지

Level. 03 각 판에 ㄱ (⬚), ㄴ (⬚), ㄴ (⬚), ㄱ (⬚) 세 칸의 합이 15인 경우는 총 3가지입니다. 모두 찾아 〈보기〉처럼 묶음을 만드세요.

〈보기〉

1	5	4	7
6	8	9	4
9	3	10	3
11	2	13	5

힌트박스

ㄱ 방향 - 1가지
ㄱ 방향 - 1가지
ㄴ 방향 - 1가지
ㄴ 방향 - 0가지

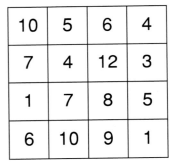

4	8	1	9
3	10	2	3
12	4	10	5
2	9	4	8

힌트박스

ㄱ 방향 - 2가지
ㄱ 방향 - 0가지
ㄴ 방향 - 0가지
ㄴ 방향 - 1가지

10	5	6	4
7	4	12	3
1	7	8	5
6	10	9	1

힌트박스

ㄱ 방향 - 1가지
ㄱ 방향 - 0가지
ㄴ 방향 - 1가지
ㄴ 방향 - 1가지

9	2	12	2
5	6	9	1
4	10	6	4
10	8	1	7

힌트박스

ㄱ 방향 - 1가지
ㄱ 방향 - 1가지
ㄴ 방향 - 0가지
ㄴ 방향 - 1가지

3	1	7	4
4	10	8	3
2	5	9	11
9	6	4	5

힌트박스

ㄱ 방향 - 0가지
ㄱ 방향 - 0가지
ㄴ 방향 - 1가지
ㄴ 방향 - 2가지

숨겨진 조각을 찾아라! ❸

Level. 01 판에 왼쪽 4개의 조각이 숨겨져 있습니다. 〈보기〉처럼 찾아서 안에 선을 그리고 테두리 치세요. 모양을 돌리거나 뒤집을 수도 있습니다. 단, ☺은 건드릴 수 없습니다.

〈보기〉

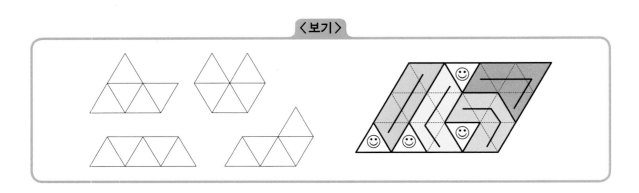

힌트박스

★표시 된 것부터 자리를 찾으세요.

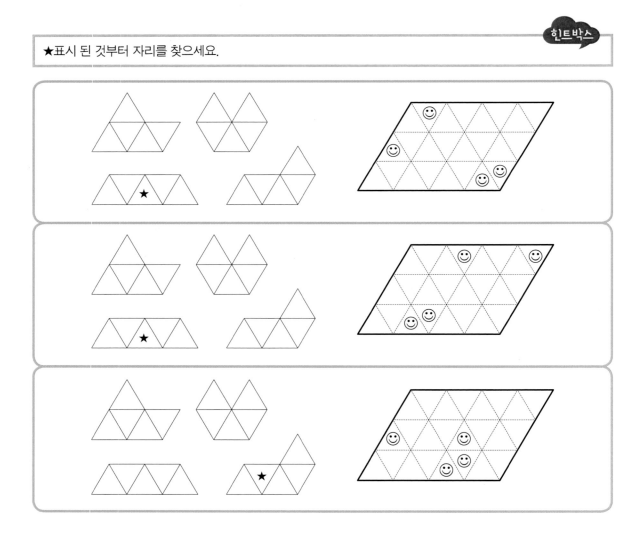

Level. 02 판에 왼쪽 4개의 조각이 숨겨져 있습니다. 〈보기〉처럼 찾아서 안에 선을 그리고 테두리 치세요. 모양을 돌리거나 뒤집을 수도 있습니다. 단, ☺은 건드릴 수 없습니다.

〈보기〉

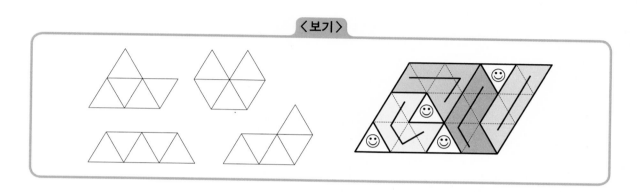

★표시 된 것부터 자리를 찾으세요.

힌트박스

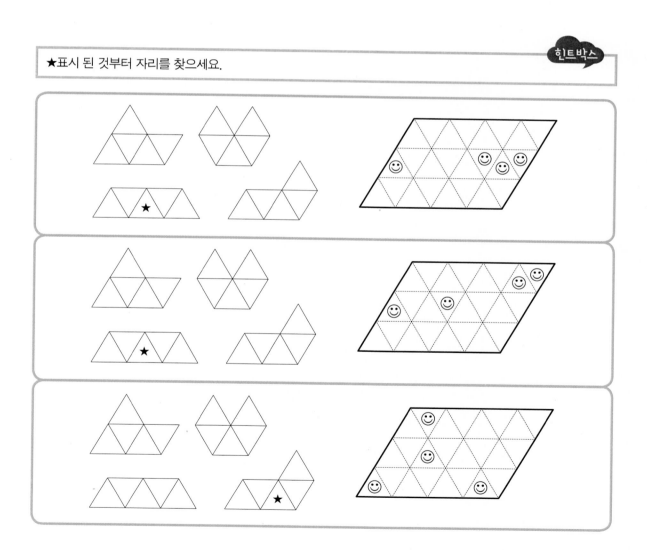

Level. 03 판에 왼쪽 4개의 조각이 숨겨져 있습니다. 〈보기〉처럼 찾아서 안에 선을 그리고 테두리 치세요. 모양을 돌리거나 뒤집을 수도 있습니다. 단, ☺은 건드릴 수 없습니다.

〈보기〉

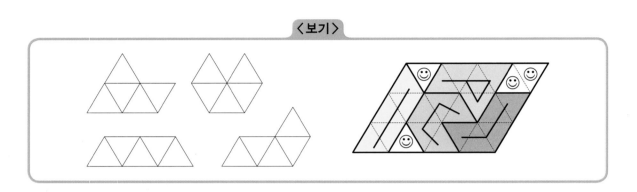

★표시 된 것부터 자리를 찾으세요.

힌트박스

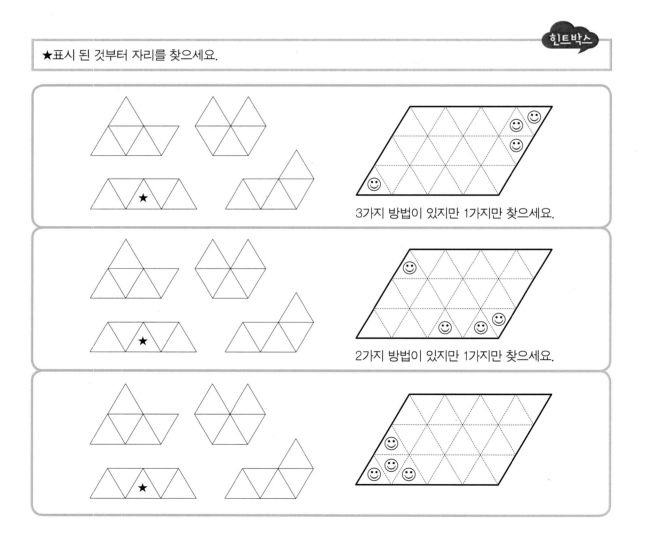

3가지 방법이 있지만 1가지만 찾으세요.

2가지 방법이 있지만 1가지만 찾으세요.

1 초등수학영재,
이 정도는 한다!

해설편

Level. 01

10쪽

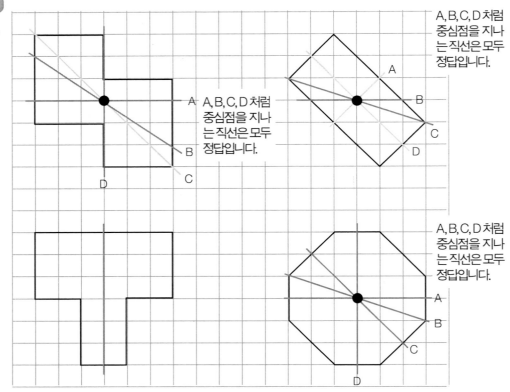

A, B, C, D 처럼 중심점을 지나는 직선은 모두 정답입니다.

A, B, C, D 처럼 중심점을 지나는 직선은 모두 정답입니다.

A, B, C, D 처럼 중심점을 지나는 직선은 모두 정답입니다.

Level. 02

11쪽

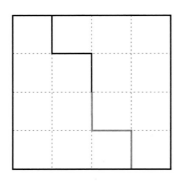

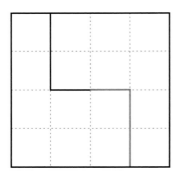

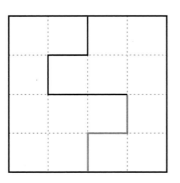

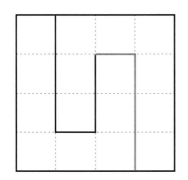

Level. 03

12쪽

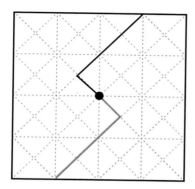
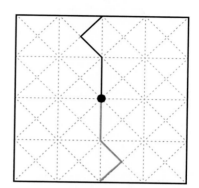

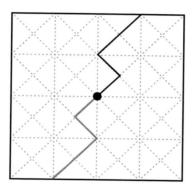
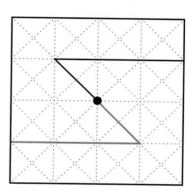

다양한 답이 존재합니다.

14쪽

예   예   예

 다양한 답이 존재합니다.

15쪽

예   예   예

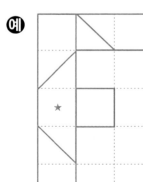
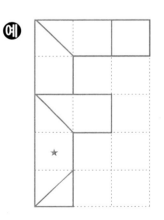

다양한 답이 존재합니다.

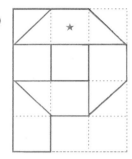

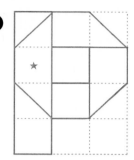

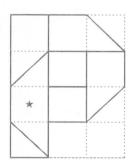

Level. 01

18쪽

1	2	6
1	3	5
1	4	4

| 2 | 2 | 5 |
| 2 | 3 | 4 |

| 3 | 3 | 3 |

Level. 02

19쪽

| 1 | 1 | 2 | 5 |
| 1 | 1 | 3 | 4 |

| 1 | 2 | 2 | 4 |
| 1 | 2 | 3 | 3 |

| 2 | 2 | 2 | 3 |

Level. 03

1	1	1	2	4

1	1	1	3	3

1	1	2	2	3

1	2	2	2	2

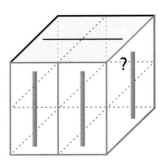 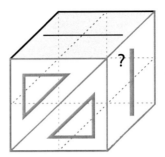

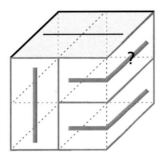 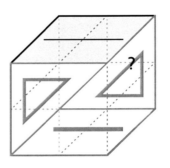

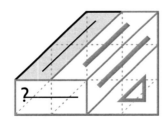 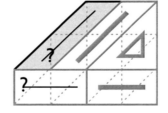 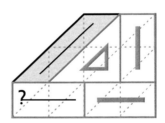

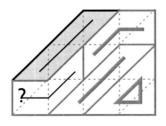 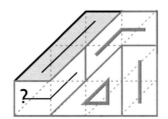 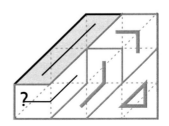

Level. 03

24쪽

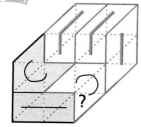 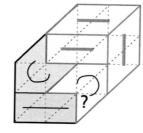 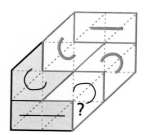

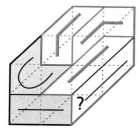 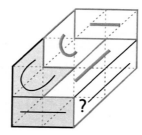 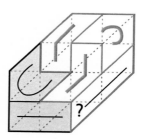

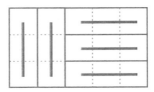

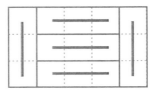

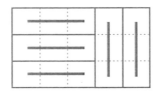

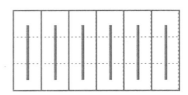

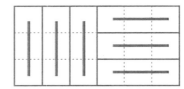

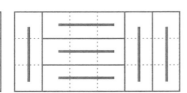

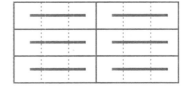

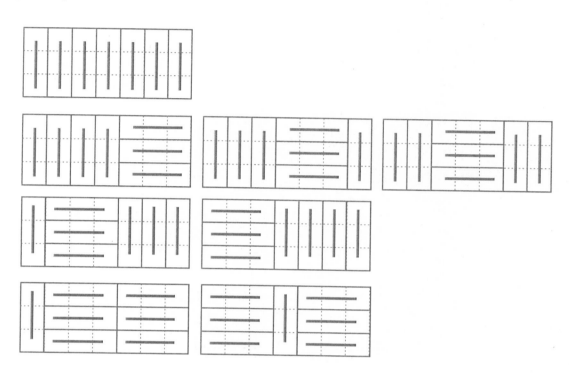

Level. 01

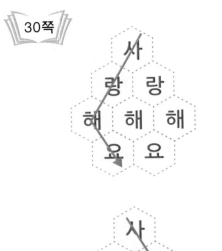

Level. 02

32쪽

왼쪽에서 오른쪽 순 →

34쪽

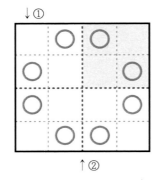 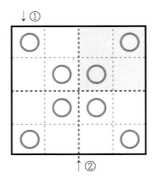 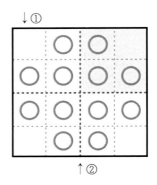

 왼쪽에서 오른쪽 순 →

35쪽

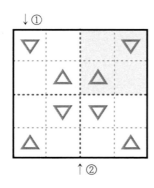 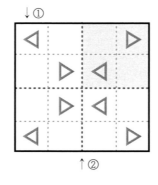 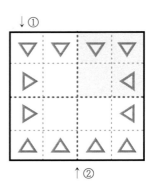

Level. 03　　왼쪽에서 오른쪽 순 →

36쪽

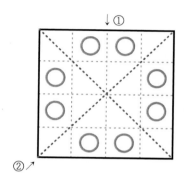 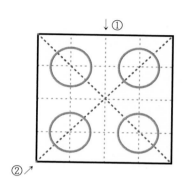 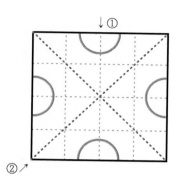

다양한 답이 존재합니다.

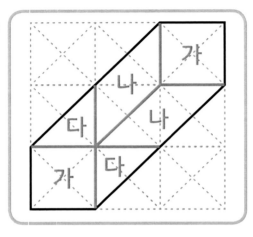 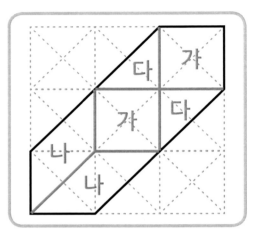

 다양한 답이 존재합니다.

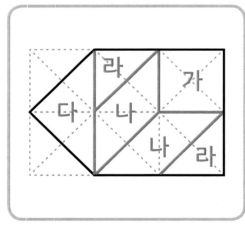 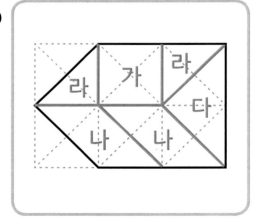

Level. 03 다양한 답이 존재합니다.

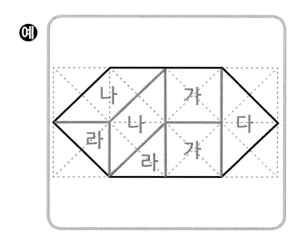

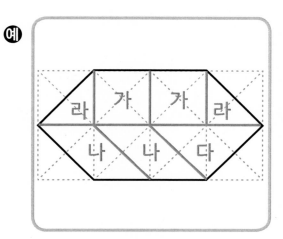

Level. 01

42쪽

	2개씩	4개씩
	3 봉지	3 봉지

	2개씩	4개씩
	5 봉지	2 봉지

	2개씩	4개씩
	7 봉지	1 봉지

Level. 02

43쪽

	2개씩	4개씩
	3 봉지	4 봉지

	2개씩	4개씩
	5 봉지	3 봉지

	2개씩	4개씩
	7 봉지	2 봉지

	2개씩	4개씩
	9 봉지	1 봉지

Level. 03

44쪽

	2개씩	4개씩
	_3_ 봉지	_5_ 봉지

	2개씩	4개씩
	_5_ 봉지	_4_ 봉지

	2개씩	4개씩
	_7_ 봉지	_3_ 봉지

	2개씩	4개씩
	_9_ 봉지	_2_ 봉지

	2개씩	4개씩
	_11_ 봉지	_1_ 봉지

46쪽

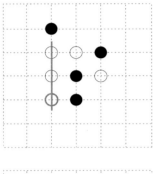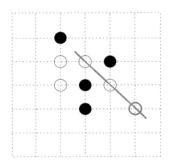

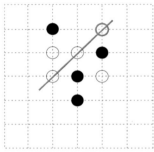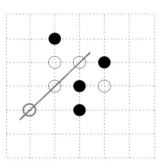

47쪽

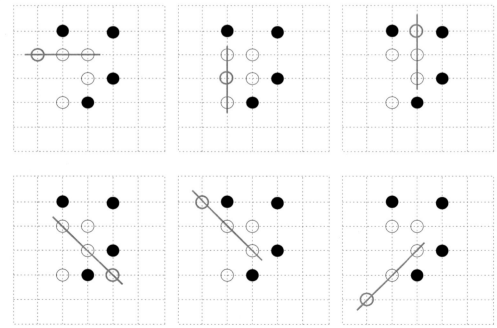

Level. 03

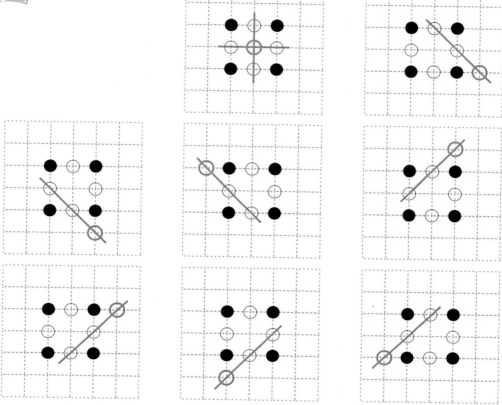

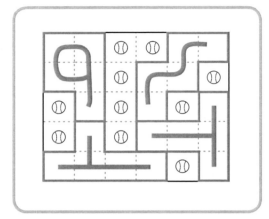
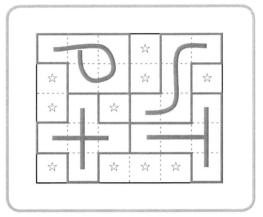

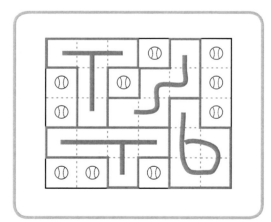
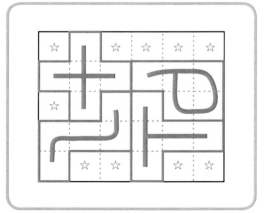

52쪽

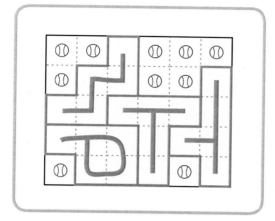

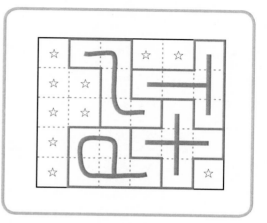

Level. 01

54쪽

2	→	5	→	6
4	→	7	→	8
5	→	8	→	9
7	→	*	→	0
8	→	0	→	#

Level. 02

55쪽

2 → 5 → 8 → 9	4 → 7 → * → 0	5 → 8 → 0 → #	
2 → 5 → 8 → 7	3 → 6 → 9 → 8	5 → 8 → 0 → *	6 → 9 → # → 0
7 → 4 → 1 → 2	8 → 5 → 2 → 3	* → 7 → 4 → 5	0 → 8 → 5 → 6
8 → 5 → 2 → 1	9 → 6 → 3 → 2	0 → 8 → 5 → 4	# → 9 → 6 → 5

Level. 03

56쪽

| 2 → 5 → 8 → 6 | 4 → 7 → * → 8 | 5 → 8 → 0 → 9 |

| 4 → 2 → 5 → 8 | 5 → 3 → 6 → 9 | 7 → 5 → 8 → 0 | 8 → 6 → 9 → # |

| 2 → 4 → 5 → 6 | 5 → 7 → 8 → 9 | 8 → * → 0 → # |

| 1 → 2 → 3 → 5 | 4 → 5 → 6 → 8 | 7 → 8 → 9 → 0 |

58쪽

라	가	나	다
나	다	라	가
다	라	가	★나
가	★나	★다	라

★다	라	가	나
★가	나	다	라
나	다	라	★가
라	가	나	다

나	★다	라	가
라	가	★나	다
가	나	다	라
다	라	가	★나

★나	라	다	가
다	가	★라	나
라	나	가	다
가	다	나	★라

59쪽

깨	콩	★★조	★팥
팥	깨	콩	조
콩	조	팥	깨
조	팥	깨	★★콩

★팥	깨	★★콩	조
조	팥	깨	콩
깨	콩	조	★팥
콩	조	팥	깨

★★조	★팥	깨	콩
콩	조	팥	깨
팥	깨	콩	조
깨	★★콩	조	팥

조	★★콩	깨	팥
★팥	조	콩	깨
콩	깨	팥	조
★★깨	팥	조	콩

60쪽

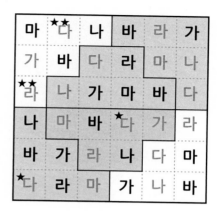

62쪽

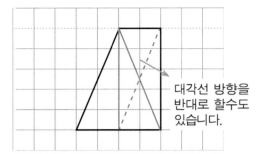

대각선 방향을
반대로 할수도
있습니다.

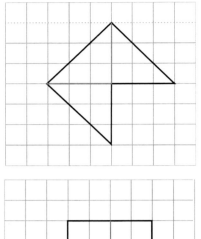

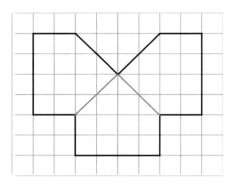

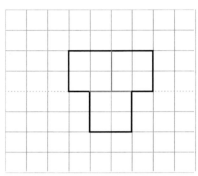

63쪽

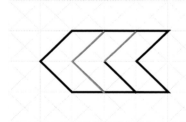

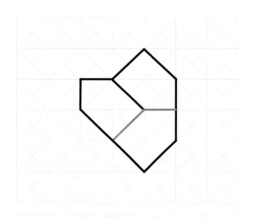

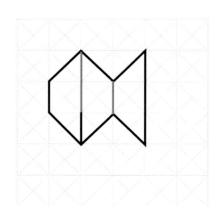

Level. 03

64쪽

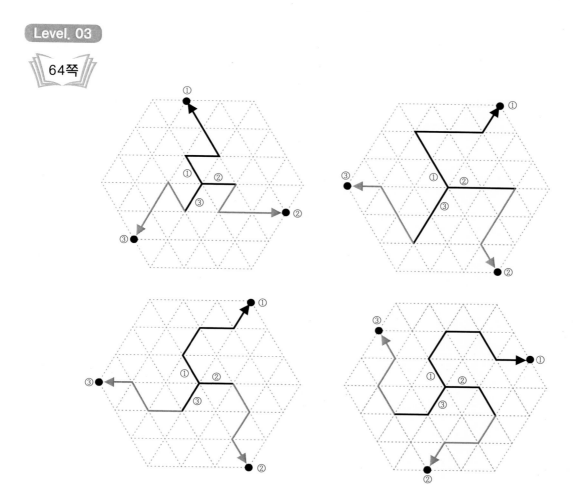

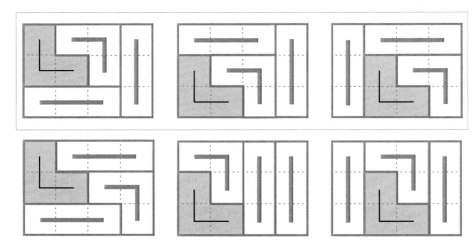

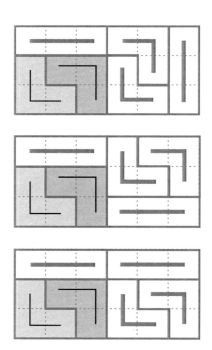

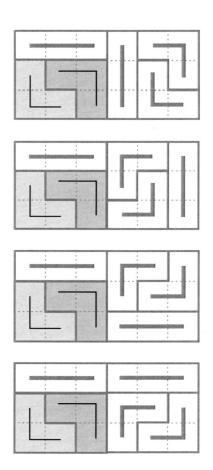

68쪽

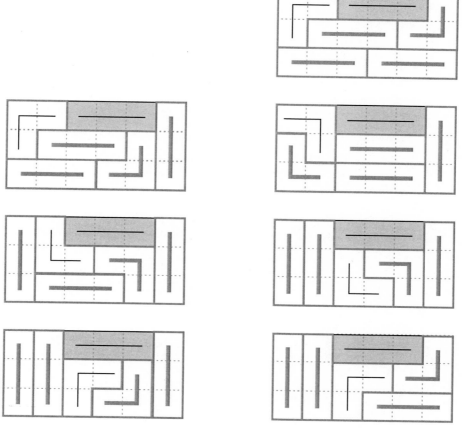

Level. 01

100	100	
100		100
	100	100

100	100	
	100	100
100		100

	100	100
100	100	
100		100

	100	100
100		100
100	100	

100		100
100	100	
	100	100

Level. 02

100	50	50
50	100	50
50	50	100

50	100	50
100	50	50
50	50	100

100	×	100
50	100	50
50	100	50

100	100	×
50	50	100
50	50	100

50	50	100
100	100	×
50	50	100

Level. 03

72쪽

50	50	50	50
50	100	×	50
50	×	100	50
50	50	50	50

50	50	50	50
50	100	50	×
50	×	100	50
50	50	×	100

▷ 친 세 칸의 50에 X표 치고,
◁ 이렇게 놓인 X표 친 세 칸
에 50을 넣을 수도 있습니다.

100	×	×	100
50	50	50	50
×	100	100	×
50	50	50	50

100	×	50	50
50	100	50	×
50	100	×	50
×	×	100	100

100	50	50	×
100	100	×	×
×	×	100	100
×	50	50	100

╲친 두 칸의 50에 X표 치고,
╱ 이렇게 놓인 X표 친 두 칸에
50을 넣을 수도 있습니다.

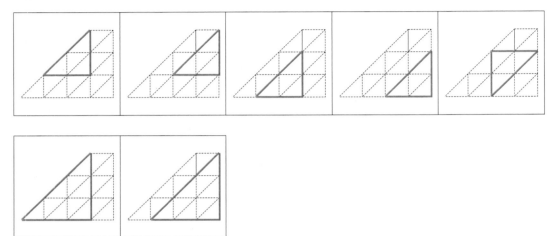

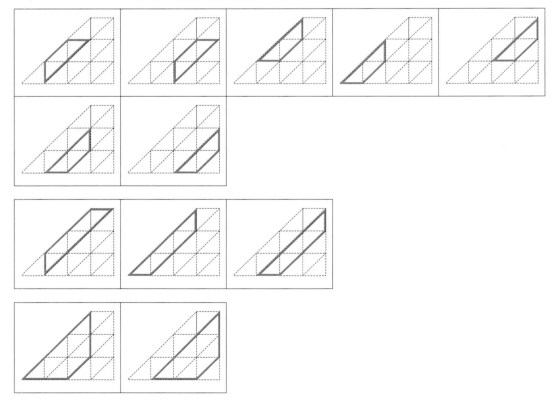

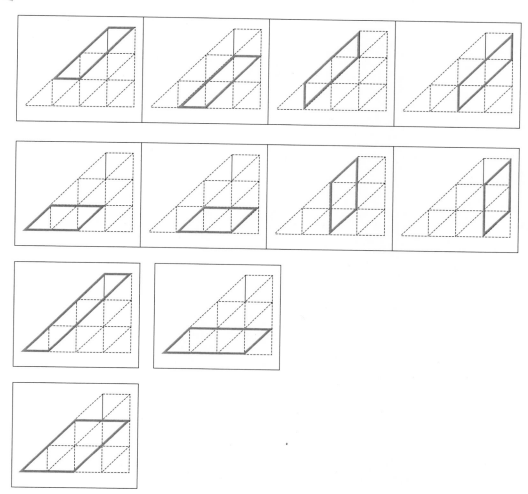

Level. 01

78쪽

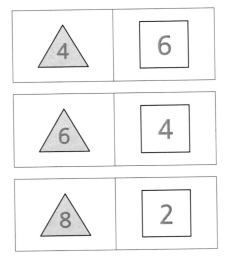

Level. 02

79쪽

Level. 03

80쪽

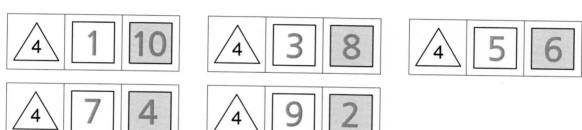

Level. 01

82쪽

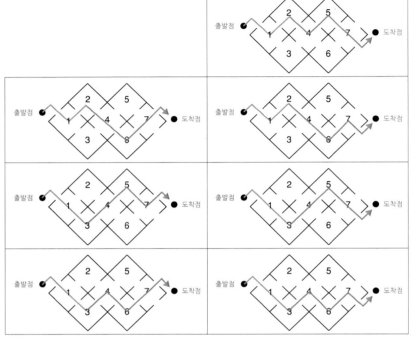

Level. 02

83쪽

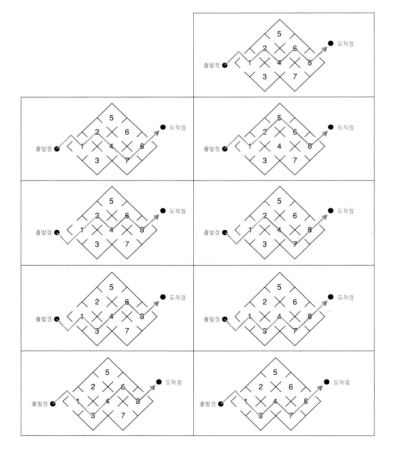

Level. 03

84쪽

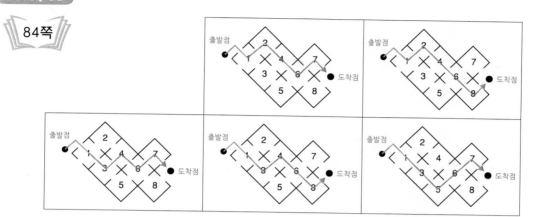

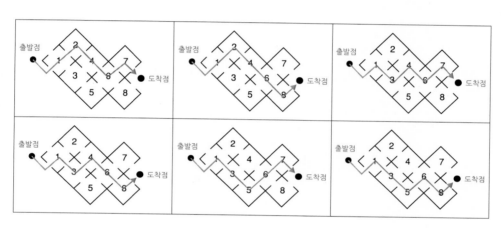

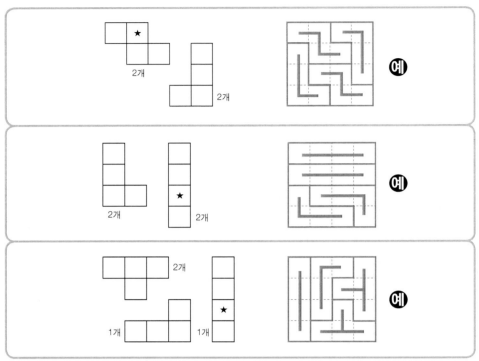

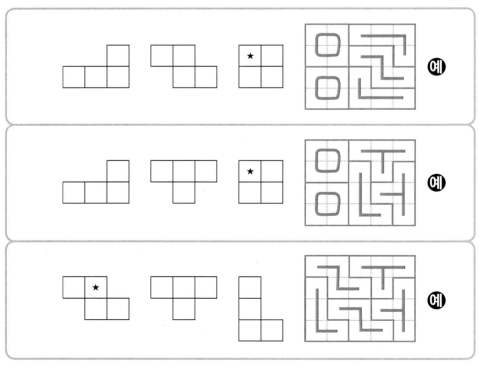

Level. 03 다양한 답이 존재합니다.

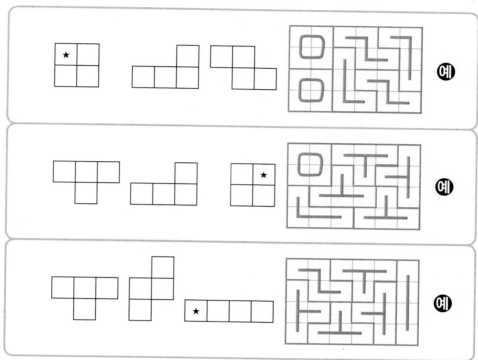

Level. 01

90쪽

9	4	12	3
6	1	5	9
13	7	8	1
10	2	14	8

4	12	9	7
3	2	8	1
1	10	2	13
14	9	6	4

1	2	3	12
14	6	8	4
7	5	13	11
10	2	9	5

3	9	6	5
12	1	14	8
6	5	4	10
2	13	6	11

Level. 02

91쪽

2	8	5	4
6	7	4	12
9	10	2	5
1	4	7	4

2	5	3	7
7	1	10	2
6	5	9	8
1	10	4	3

7	3	10	12
8	1	3	2
4	7	5	9
6	5	4	10

2	10	7	5
5	4	3	6
4	7	1	8
9	2	10	3

92쪽

4	8	1	9
3	10	2	3
12	4	10	5
2	9	4	8

10	5	6	4
7	4	12	3
1	7	8	5
6	10	9	1

9	2	12	2
5	6	9	1
4	10	6	4
10	8	1	7

3	1	7	4
4	10	8	3
2	5	9	11
9	6	4	5

Level. 01

94쪽

Level. 02

95쪽

96쪽

 영재사랑의 도움이 꼭 필요한 학생

- 공부하는 방법을 꼼꼼히 익히고 싶은 학생
- 바른 학습태도를 기르고 싶은 학생
- 깊고 넓게 생각하는 법을 배우고 싶은 학생
- 다양한 분야로 관심을 넓히고 싶은 학생
- 논리적이고 창의적인 서술능력을 기르고 싶은 학생

 영재사랑연구소에서 하는 일

- 검사/상담: 일반지능, 창의성, 학업성취도 등을 일대일로 검사하여 학생의 발달수준 및 장단점을 파악한 후 학부모님과 상담합니다.
- 연구모임: 영재사랑에서 개발한 프로그램을 사용해 박사들이 학생들을 직접 지도합니다. 프로그램 내용에는 논술, 수학, 과학, 사회 영역 등이 고르게 포함되어 있습니다.
- 부모강의: 독서지도, 국어교육, 수학교육, 자기주도학습, 부모역할 등 다양한 주제로 부모강의를 진행합니다.

※ 책을 구매하신 초등 1~3학년 학부모님께서 전화로 예약을 하신 후 아래 수강권을 절취해 오시면 '수학적 사고력, 어떻게 길러야 할까'라는 주제로 진행되는 부모강의에 참석하실 수 있습니다. 강의일정 및 예약은 **연구소(031-717-0341)**로 문의해 주시기 바랍니다.

※ 수강권 1매당 두 분까지 신청 가능합니다.

- 절취선 -

초등수학영재, 이 정도는 한다! ❶
부모강의수강권

경기도 성남시 분당구 정자동 | 전화번호: 031-717-0341 | 홈페이지 주소: http://www.ilovegifted.co.kr